农业生态实用技术丛书

规模化
稻鸭生态种养技术
GUIMOHUA DAOYA SHENGTAI ZHONGYANG JISHU

农业农村部农业生态与资源保护总站　组编

傅志强　主编

中国农业出版社

北　京

本书编写人员

主　　编　傅志强

副 主 编　龙　攀　郑华斌

参编人员　黄　璜　陈　灿　黄　尧

　　　　　余政军　王　华　黄兴国

　　　　　刘小燕

序

中共十八大站在历史和全局的战略高度，把生态文明建设纳入中国特色社会主义事业"五位一体"总体布局，提出了创新、协调、绿色、开放、共享的发展理念。习近平总书记指出："走向生态文明新时代，建设美丽中国，是实现中华民族伟大复兴的中国梦的重要内容。"中共中央、国务院印发的《关于加快推进生态文明建设的意见》和《生态文明体制改革总体方案》，明确提出了要协同推进农业现代化和绿色化。建设生态文明，走绿色发展之路，已经成为现代农业发展的必由之路。

推进农业生态文明建设，是贯彻落实习近平总书记生态文明思想的必然要求。农作物就是绿色生命，农业本身具有"绿色"属性，农业生产过程就是依靠绿色植物的光合固碳功能，把太阳能转化为生物能的绿色过程，现代化的农业必然是生态和谐、资源可持续、环境友好的农业。发展生态农业可以实现粮食安全、资源高效、环境保护协同的可持续发展目标，有效减少温室气体排放，增加碳汇，为美丽中国提供"生态屏障"，为子孙后代留下"绿水青山"。同时，农业生态文明建设也可推进多功能农业的发展，为城市居民提供观光、休闲、体验场所，促进全社会共享农业绿色发展成果。

　　农业生态文明思想起源于古老的中国，中国自春秋时期就懂得用地养地的道理以及物理杀虫、人工除草等做法。农牧结合、稻田养鱼、桑基鱼塘等农业生态模式在历史上曾经极大推动了文明和经济的发展。当前，我国农业生态文明建设已进入提供更多优质生态产品以满足人民日益增长的优美生态环境需求的攻坚期，也到了有条件、有能力发展环境友好农业的窗口期。多年来，从事农业生态研究的学者和实践者扎根农业生产一线，按"整体、协调、循环、再生"的原则，围绕农业生态文明建设开展了广泛、系统的实践和研究，探索总结出了丰富多样的应用技术。

　　为推广农业生态技术，推动形成可持续的农业绿色发展模式，从2016年开始，农业农村部农业生态与资源保护总站联合中国农业出版社，组织数十位业内权威专家，从资源节约、污染防治、废弃物循环利用、生态种养、生态景观构建等方面，多角度、多要素、多层次对农业生态实用技术开展梳理、总结和归纳，系统构建了农业生态知识体系，编写形成了《农业生态实用技术丛书》。丛书中的技术实用、文字简洁、步骤详尽、脉络清晰，技术可推广、模式可复制、经验可借鉴，具有很强的指导性和适用性，将为广大农民朋友、农业技术推广人员、管理人员、科研人员开展农业生态文明建设和研究提供很好的参考。

2020年4月

▐ 前言

在农业生产面临效益低、资源缺乏与环境恶化的背景下，近年来，国家先后出台相关文件，提出农业生产调结构转方式、供给侧结构性改革，按照资源节约环境友好的要求，促进农业生产提质增效，实现绿色高效可持续发展目标。要率先实现我国重要的安全优质农产品公共品牌"三品一标"产品可追溯。发展高效生态农业是提升农产品质量安全水平，促进农业提质增效和农民增收的可靠途径。

稻鸭共生是一项综合型、环保型生态农业技术，是种植与养殖相结合的立体种养技术。稻田不用除草剂，少施化肥、农药，利用鸭子旺盛的杂食性和不间断的活动，吃掉稻田内的杂草、害虫，疏松土壤，产生浑水肥田的效果，生产出优质的稻米和鸭产品。特别是对绿色、有机稻米生产和高效农业发挥着越来越重要的作用，具有其他栽培技术不可比拟的诸多优点。稻田养鸭不仅能降低水稻生产成本，提高水稻产量和品质，也为种植户带来了更高的经济收入。因此该项技术深受广大农户喜爱，特别是适度规模化高档有机水稻生产大户和家庭农场经营者都在普遍采用。

稻田养鸭历史悠久，距今已有600多年，是我国传统稻作农业的精华。稻田养鸭模式大体上经历了流动放牧、区域巡牧、露宿饲养和互利共生四个发展阶段。湖南农业大学稻田综合种养研究团队于20世纪90年代开始研究稻鸭共生模式理论与技术。多年的研究结果表明，稻鸭共生模式增加了有效穗数、结实率和千粒重，从而提高了产量；减肥节药提高了稻米质量，改善了鸭肉品质；稻鸭共生模式提高了土壤有机质、全氮、碱解氮、有效磷、速效钾含量，降低了土壤容重；特别是稻鸭共生模式显著减少了稻田甲烷排放，稻鸭共生系统的固碳能力是单一稻作系统的两倍多。稻鸭共生模式作为经典生态农业模式，蕴含丰富的农耕文明，作为农旅文化、农业教育和农业景观的重要内容，有机融合了第一产业、第三产业，为休闲农业与乡村旅游提供了便利表达方式，推动了休闲农业与乡村旅游业的发展。因此，稻鸭共生是绿色、高效、立体农业模式，是经济效益与生态效益双赢的、易推广应用的生态农业模式。

在农业供给侧结构性改革和农业生产提质增效的背景下，研究并提出适度规模化生产方式与规模化稻鸭共生模式时空耦合技术，可为规模化水稻种植大户提供稻鸭共生技术指导，进一步促进稻鸭共生生态种养模式的推广应用。本书针对水稻适度规模生产条件下，结合双季稻、单季稻、再生稻种植模式，从稻鸭互作生态学原理、适度规模化稻鸭共生技术，提出

了稻鸭共生关键技术，形成了整套技术体系，并作为
休闲农业与乡村旅游景观构建、优质产品开发的重要
内容，深度挖掘了稻鸭共生模式的多功能价值。作为
科普读物，编者努力在编写过程中使本书做到通俗易
懂，图文并茂，具有趣味性和可操作性。本书既可为
读者提供实用技术指导，同时又能增强读者对经典农
耕传统文化的认识，推动稻鸭产业可持续健康发展。

编　者

2019年6月

目录

一、概　述

（一）稻鸭共生模式发展历程

1.稻鸭共生基本概念与内涵

稻鸭共生由稻田养鸭演化发展而来，是一种基于稻田生态环境、利用水稻生长与鸭子生活特点而形成的复合农业模式。稻鸭共生利用役用鸭旺盛的杂食性，吃掉稻田内的杂草和害虫；利用鸭的粪便培肥土壤，促进水稻生长；利用鸭不间断的活动产生中耕浑水效果，刺激水稻生长。反过来，稻田则为鸭提供生活、劳作和休息的场所，以及丰富的食源和充足的水环境。二者相互影响，相互依赖，相得益彰。稻鸭共生系统中稻鸭二者同处稻田区间，但利用的是不同空间的资源与优势，处于不同的生态位，是一种立体种养生态农业模式。

2.稻鸭共生的发展阶段及其特点

作为稻鸭共生系统的两个主体，栽培水稻由野生稻驯化而来，而家鸭是由山野鸭驯化而来，二者均拥有悠久的驯化历史。中国是水稻栽培的发源地，据考古工作者的考证，我国栽培稻的种植历史有7 000～10 000年。有趣的是世界上鸭的驯化也大约有7 000年的历史。稻田开始养鸭的历史最早可追溯到中国明代洪武年间，距今640多年。稻田养鸭历经继承发展，改进、推广、演变形成现代的稻鸭共生模式，是我国传统稻作农业的精华。根据稻鸭结合的特点与相关性，从我国最早的稻田养鸭模式发展到现代的稻鸭共生模式，大体上共经历了四个阶段。

第一阶段称为流动放牧阶段。该阶段从明朝洪武年间出现稻田游牧养鸭开始到20世纪70年代初期，以流动牧鸭为主，鸭群数量较大，由数百至数千只鸭组成，一般由赶鸭人持杆将鸭群赶入收割后的稻田，食取田间余粮，并根据不同地方收稻早晚情况预定路线，一片一片分区域推进（图1）。该阶段稻田养鸭的主要目的是利用稻田虫、草、粮资源，节约饲料，降

图1　流动放牧阶段

低养鸭成本。该阶段具有以下主要特征：①水稻生产系统与养鸭系统处于分离状态，种养技术彼此独立。②放牧时段受限，鸭群需等水稻收获以后才能下田捕食，对水稻的影响较小。③鸭群流动性大，定向性强。

第二阶段称为区域巡牧阶段。该阶段从20世纪70年代初至80年代中期，水稻活蔸以后在一定范围田块内放养一定数量的鸭，白天放至田间，晚上再赶回圈养（图2）。该阶段稻田养鸭的主要目的是适应水稻生产需要，提倡生物防治，利用鸭的捕食特点治理田间害虫杂草，同时还可节约饲料。区域巡牧阶段的主要特征是：①水稻生产系统与养鸭系统结合较为密切，但种养技术仍相互独立。②固定鸭群放养于固定田块，即牧鸭区域固定，巡回放养，放牧时段不再局限于收稻以后，鸭稻存在共生时段。③系统以水稻生产为主，养鸭为辅，基本实现农牧结合。

图2　区域巡牧阶段

第三阶段称为露宿饲养阶段。该阶段从20世纪

80年代中期至90年代后期改变了传统稻田养鸭种稻与养鸭技术脱节的状态，鸭群露宿饲养于稻田，昼夜活动于田间，与水稻共同生长，两者兼收。此阶段为稻鸭共生的雏形，具有以下特征：①种稻和养鸭互相影响、紧密联系，初步实现农牧的有机结合。②鸭露宿于稻田，大大增加了稻鸭共处时间，改变了养鸭场地，使养鸭的适应性更广。③种稻与养鸭并重，稻鸭系统的生物防治功能得到进一步拓展，达到种稻护鸭、养鸭促稻的目的。

图3　互利共生阶段

　　第四阶段称为互利共生阶段。该阶段从20世纪90年代发展至今。稻鸭互利共生阶段是在传统稻田养鸭的基础上吸收和借鉴日本的稻田养鸭技术发展而来，以生产绿色生态食品为主要目的，改变了传统水稻生产使用大量农药、化肥的局面，利用稻鸭共生共长特性形成的立体生态种养系统（图3）。稻鸭互利共生阶段的主要特征是：①稻鸭生长协调统一、相互配合，鸭以稻为准、稻为鸭定群，稻田养鸭数量和育鸭放鸭时间都根据水稻生长规模和周期而定。②稻田系统由稻、鸭、田三者各自独立的系统向复合生态系统转变，利用生态学相生相克、相辅相成原理，尽量避免饲料及化肥、农药等工业辅助能的使用，使能量朝有利于人类发展的方向进行流动和转换，减少对环境的不良影响。③系统从以水稻为核心转变为以水稻和鸭共同生长为核心，鸭子与水稻同等重要。

3.稻田养鸭与稻鸭共生的区别

稻鸭共生虽由稻田养鸭发展而来，两者还是具有根本性区别的，表现如下。

（1）生产目的不同。稻田养鸭的目的在于养鸭，为利用田间粮食喂鸭而将鸭群赶入稻田，对水稻的作用考虑得少甚至基本没考虑；而稻鸭共生更着重水稻的生产，强调生态效益，看重环境保护。稻鸭共生系统一方面为生产无污染、无残留的稻米，另一方面使稻米生产过程对环境的影响降到最低，利用鸭在田间的劳作替代除草剂、杀虫剂、化肥等，减少污染来源。

（2）主体间的联系不同。稻田养鸭过程中，种稻和养鸭分属不同主体，为了避免鸭糟蹋水稻种稻者有时会不让鸭入稻田，使稻鸭分离严重；而稻鸭共生中养鸭和种稻环环相扣，联系紧密，如果再搭配养萍、养鱼等技术，可形成更具生态意义的稻田生态系统，更有利于减轻环境污染。

（3）作用范围和程度不同。稻田养鸭中鸭在田里时间短，对水稻的作用小，鸭的功能没有得到充分发挥；稻鸭共生则让鸭始终生活在稻田里，鸭对水稻除虫、除草、施肥、松土等，作用效果是持久而多面的。

（4）鸭的品种不同。稻田养鸭一般用的是常规的肉鸭（图4）或蛋鸭，活动能力与觅食能力较差，"打工"能力弱；而稻鸭共生则用专门选育的役用鸭（图5），鸭子体型较小，灵活好动，觅食能力好，役用功能强。

图4　普通肉鸭

（5）范畴与层次不同。稻田养鸭是传统农业的精华，在现代农业发展过程中日渐式微，被以化肥、农药为代表的化工农业所取代，属于低级别的生态农业。稻鸭共生则使种稻、养鸭完全融为一体，结合现代化农业管理，是传统农业与现代农业的结合，属于有机可持续农业，具有旺盛的生命力和广阔的发展前景。

图5　稻鸭互利共生系统的役用鸭

（二）规模化稻鸭共生的意义

在农业发展的历史长河中，以家庭为单位的集约化劳动密集型农业生产占据着重要地位，它极大地推动了农业从传统农业向现代农业的转变，有着不可磨灭的功劳，尤其是农田承包到户解放了中国农民的生产力，提高了农民的积极性，推动了中国社会的工业化发展。但随着中国现代化进程的推进，这种集约化农业生产的弊端也逐渐显现出来，具体表现为农业劳动效率低，农民收入上不去，农业机械化水平低，城乡发展不平衡。在这样的情况下，促进土地流转扩大农业生产规模，促进农业经济效益的增长成为必然的趋势。因此，资源利用程度低、劳动消耗量大的常规稻田养鸭已难以适应现实生产需要，适度规模化的稻鸭共生生产应运而生。

　　规模化稻鸭共生指的是在规模化种植条件下，大面积稻田区域内不设围栏，开展稻鸭共育的生长模式（图6）。与普通稻鸭共育模式相比，规模化体现在两点，一是稻鸭共育区域面积大，要求单位围栏面积在15亩*以上；二是养鸭数量多，单位围栏区域放鸭数量要在200只以上。随着土地承包经营权的流转，越来越多的土地进入了规模化的经营管理，大大增加了资源利用率，提高了劳作效率，促进了经济效益的增长。

图6　规模化稻鸭共生

　　以继承传统农业精华为基础发展起来的规模化稻鸭共生，作为一种典型的立体复合种养农作模式，即具有传统农业的生产功能，还具备新型农业社会所倚重的生态农业功能和农业文化传承功能，是现代生态

－－－－－－－－－－
　　*　亩为非法定计量单位，15亩=1公顷。

农业和观光农业的典型载体。因此，规模化稻田养鸭具有非常的意义。

1.解决水稻生产现有问题的有效途径

"民以食为天，食以稻为先"，水稻是人类赖以生存的主要粮食作物之一，世界上有122个国家和地区种植水稻，其中90%的水稻栽培面积分布在亚洲。中国的水稻总产量居世界第一位，是稻米生产和消费量最大的国家。我国的水稻种植面积占世界总面积的20%，总产量占全世界产量的30%以上。水稻是我国65%以上人口的主粮，在我国粮食生产中占主导地位。因此，水稻的安全、优质、高产，对于我国粮食安全具有十分重要的意义。

尽管我国水稻生产水平居世界前列，仍存在许多问题，其中生态环境恶化是最大的问题。长期以来，为保证水稻的持续高产，稻田投入了大量化肥、农药等消耗性资源。仅以氮肥为例，我国水稻消耗了世界35%以上的氮肥，而氮肥的平均利用效率仅为30%，是发达国家的一半。农药滥用现象频繁，主要使用的农药中57.7%超出了使用规范，如为尽快达到防治目的加大农药用量或重复用药。化肥、农药等化学物资的过量投入导致土壤板结、肥力下降、农药污染、农药残留，严重破坏了生态环境。稻田同时还是温室气体排放的重要源头，尤其以甲烷排放较为突出，稻田平均每年排放的甲烷量占总甲烷排放量的17%左右，减少稻田甲烷排放也是生产上的目的之一。

作为典型的复合生态农业系统，稻鸭共生可有效地解决水稻生产中的环境污染问题，减少温室气体排放，减缓温室效应发展。第一，稻鸭共生系统中鸭子日夜在田间捕食、搅拌、践踏可为稻田啄虫除草；鸭在行间不停走动能促进群体内空气流动提高稻株抗性，综合减少水稻病虫草害的发生，使水稻生产过程中可不施农药。第二，鸭子日夜生活于田间，产生的鸭粪留于田间可增加稻田养分，提高土壤肥力，减少稻田化肥用量。第三，鸭子在行走活动过程中，不停地搅拌水体，加速水体与土壤、与外界的空气流通，使水中溶氧量增加，提高土壤的氧化性，降低甲烷排放速率，从而达到减少温室气体排放的效果。

2.新型农业经营主体可持续发展的推手

随着农村劳动人口的大量转移和土地流转的持续推进，传统的以家庭为单位的小规模自主经营方式已经不能适应农业的发展，农业开始进入现代化发展阶段，新型农业经营主体开始走上历史舞台。新型农业经营主体包括四类，分别是专业大户、家庭农场、农民合作社以及农业产业化龙头企业。这些从事农业生产和服务的新型农业经营主体是发展现代农业的主力军和突击队，关系着我国现代农业的建设与乡村经济的振兴。新型农业经营主体的培育与发展是农业现代化的重要内容，稻鸭共生技术的引进与推广对于增加农民收入、转移农村剩余劳动力、灌输生态农业理念、防止土地抛荒有着重要的现实意义，对推动新型农业经营主体的可持续发展有着重要作用。

（1）增加经营主体收入。随着现代经济的发展和生活水平的提高，人们对农产品品质的要求越来越高，不仅要吃好，还要吃得健康。这一点从消费者对有机食品、绿色食品持续增长的需求可以看出。规模化稻鸭共生刚好能给人们提供品质优良的有机大米和无公害鸭肉，满足市场的需要。实践证明，通过稻鸭共生技术，发展有机稻作，生产有机稻米和无公害鸭肉能大大提高农民的收入。根据对浙江省内22.5万亩稻鸭共生技术示范户的调查统计发现，与普通水稻种植系统相比，稻鸭共生系统的纯收入增加233元／亩以上，这得益于有机稻米的增价以及鸭产品的额外收入。江苏省镇江市于2003年对辖区内的24个稻鸭共生示范基点进行统计，也发现稻鸭共生技术使农户增收200元／亩以上。已有研究表明，一般情况下，稻田养鸭经济效益比水稻单作高133～300元／亩，如果将普通鸭种换成野鸭效益更高，可比普通水稻种植至少高330元／亩。稻田收入的增加可极大地调动农民的生产积极性，产生学习新技术的兴趣，这对职业农民的培育发展起到很好的促进作用。

（2）提高经营主体素质。人们对一项新技术的掌握都需要有一个学习与交流的过程。农民要应用稻鸭共生技术必须掌握与之配套的新的种养知识，还要加强科技意识。在稻鸭共生技术的引进与推广过程中，加强了经营者与现代农业科技工作者的接触和交流。在新的科技成果产生后，需要通过生产经营者的参与才能应用推广。如广东省许多地区以"科技支农"活动为依托，通过高校技术人员下乡直面农户来传授稻鸭共生技术；湖南农业大学不定期举办"稻鸭共生技术"培训班，也是针对不同的农业经营主体讲授专业技术与市场信息，帮助农民制定种养规划。全国各地举行的稻鸭共生技术培训班与讲座，都是农民获取新知识，提高自身素质的重要渠道。另外，通过稻米与鸭肉的销售，为农民打开了绿色食品的市场大门。为更好地与市场接轨，农民须强化其商品意识。在与市场打交道的过程中学习如何组织生产，获取规模效应；如何参与企业合作，创建品牌效应；如何产销结合，打通市场渠道。这对促进经营者更新传统小农观念，接纳现代农业技术，加强与农产品市场的接轨起着推动作用。

（3）优化农村产业结构。2016年中央1号文件提出要推进农业供给侧结构性改革，转变农业发展方式。该改革就是要提高供给质量、优化产业结构、消费结构，促进资源整合，实现资源优化配置与优化再生。稻鸭共生技术在传统水稻种植业中加入了养鸭业，不仅促进了稻田结构的优化，还调整了我国农村地区的畜牧业结构，使养鸭产业得到壮大。并且稻鸭系统后续的农产品加工、市场销售也活跃了农村经济，丰富了农村经济发展的形式。

3.乡村农业文化旅游的重要组成部分

城市快节奏的生活带来了学习、工作和生活的压力、人类"怀旧"的情结和对"异文化"的追求，使人们产生了对乡村、对自然生态、对古老农业生产方式的怀念。这些怀念促使了乡村旅游、农业旅游、生态旅游的发生、发展与繁荣。经过地球长期发展演化而创造出来的自然生境，能呈现出整体的自然生命样态，这种样态可以带给人愉悦舒适的感受，是一种自然生态美。农业与自然有着天然的联系，中国在长期的农业实践中积累了许多尊重自然、保护自然的优良传统，稻田养鸭就是其中之一。稻田养鸭作为传统农业精华，充分利用了生物间相生相克、相辅相成的功能进行自然资源的开发与调控，现已被联合国教科文组织确定为世界非物质文化遗产，是农业文化旅游的重要组成部分。

依托于当地自然环境背景和民族特色，稻田生态种养已成为许多地区农村文化旅游的招牌。如从贵州省黔东南的江侗乡稻鸭鱼生态系统、湖南新化紫鹊界梯田等。稻鸭共生这一农业生产方式已经持续了几百年的历史，蕴含着丰富的旅游资源。

（1）农业景观。美丽自然风光下的农耕场景、农耕设备、农耕建筑等内容都是可以观赏、互动和体验的景观。稻鸭共生系统中鸭在稻田中自由游走、捕食、嬉戏的场景，鸭群管理员各具特色唤鸭的号声，金黄色稻谷与银色水面交错的画面皆是美丽的景观。这种和谐美好的意境可以让人赏心悦目，极具游玩观赏的价值。

（2）生态教育。稻鸭互利共生的生态学思想，注重整体、协调、良性循环和区域分异，对现代生态农业的发展具有重要的启示，是农业文化与农业文明的展示窗口，极具参观与宣传价值，可以作为环境保护教育与交流活动的平台，传递生态环保思想，具有模范教育意义。在这方面，韩国做得比较出色。如韩国建立了"稻鸭共生技术第一村"来推广生态农业，增强民众环保意识。为此专门制定了百年发展计划，还利用稻鸭共生基金，在政府部门的协助下筹建环境农业教育馆和古农具陈列室。为了进一步扩大交流，韩国在1995年就发起了"号召城市居民送鸭运动"，将城市消费者与经营稻鸭共生的农民联合起来，该运动第1年就有250名城市消费者参与，给农民带来了2 000万韩元的购鸭费用。通过此类活动，城市居民加深了对绿色食品、生态农业的认识与理解，加强了环保意识（图7）。

图7　和谐的稻鸭生态系统

　　（3）文化展示。稻田养鸭经历了几百年的发展与继承，在长期的稻鸭生产活动中产生了与之相应的农耕信仰和相关的农时节事等文化活动。如在贵州省江侗乡稻鸭鱼生态系统中，根据稻鸭鱼农业系统开发了许多相关联的民间节事活动，包括开田、开秧门、洗牛节、吃新节、月也、侗年等；还将稻鸭鱼相关的农耕文化渗入到侗乡人民日常生活的各个方面。服饰上的刺绣和印染图案，侗族鼓楼、戏台和风雨桥上的绘画，建筑设计等方面都体现了农耕文化和农耕景象。这些节日和文化产品具有比较广阔的文化展示空间。

（4）农事体验。乡村旅游作为一种深度旅游模式能够迅速发展，与其能够通过亲身体验给游玩者带来巨大的身心享受密切相关。正是满足于游客对异文化的体验需求，乡村旅游才独具魅力，并拥有了长远的发展空间。在稻鸭共生的旅游活动中，人们可以参与农耕器具的制作活动，体验编织鸭笼、晒席、箩筐、簸箕、捞箕、米筛、糠筛等农具；也可以参与到当地的农业生产活动中去，体验犁地、播种、插秧、施肥、砌田埂、育雏鸭、拾鸭蛋、收水稻、晒谷子等活动。经过农事活动的体验，加深游客对农业生产生活方式的了解，也能加强旅游地居民的文化自信，有利于农业文化遗产的永续发展。

（三）规模化稻鸭共生的功能

1.降本增效

农业是国民经济的基础，但随着农业生产成本上涨、粮食价格偏低，导致从事粮食生产的收入远远比不上其他行业，农民的种粮积极性大大减弱，许多农

民选择外出就业而使农田的抛荒现象频频发生。虽然
国家实行了粮食补贴政策，但并未很大程度上提高农
民的种粮积极性，对提高农民收入和稳定粮食生产作
用不大。规模化的种养结合将养殖融入作物种植过程
中，既能保障粮食生产又能提高效益，可破解中国大
宗农产品生产效益差的问题。

（1）减少成本。成本包括两部分，种植成本和养
殖成本。稻鸭共生系统中，鸭进入稻田以后不停地食
取稻田内的害虫、菌核和杂草，减少了农药的使用；
另因鸭粪可以替代部分化肥，还可以减少化肥用量，
如此就节约了种植成本。而鸭子成天在稻田里活动觅
食，不需投喂太多饲料，减少了养殖成本。据调查，
稻鸭共生稻田可以借助一些生物防治手段做到完全不
打农药，每亩每季可节省85元；减少使用化肥每亩
每季可节省80元；每亩每季可减少种植成本165元。
养殖方面，一般稻鸭共生系统共生期内可比单独的
鸭养殖场少投喂30%左右的饲料，按每亩放养25只
鸭的数量计算可节省75元。即便养鸭稻田因搭建鸭
棚围网每亩需要35元的成本，但与单独养殖鸭相比，
仍节省了40元。综合来看，稻鸭共生在规模化条件
下，每亩每季可减少205元的成本投入。

（2）增加效益。不打农药、不施或少施化肥的
稻鸭共生系统生产出来的农产品都是有机或无公害
食品，价格比普通农产品高20%以上，且随需求量增
加有上升趋势。单以稻米进行计算，每亩稻田稻谷产
量计400千克，普通稻谷价格为2.7元/千克，稻鸭

生态稻谷价格至少可卖3.3元/千克，那每亩可增加240元的稻谷收入。除了稻谷以外，与常规水稻单作相比，稻鸭共生稻田还有无公害鸭产品收入，以普通家鸭产品来算，除去成本每亩稻田可增加150元的鸭产品收入。可见稻鸭共生可以产生较好的经济效益，而如果将普通家鸭换成野鸭还可产生更高的效益。

2.提高农产品品质

品质是作物产品的灵魂。农产品品质越高越受群众与市场欢迎，才能具有更高的经济价值。稻鸭共生因不施农药、少施化肥明显提高了农产品的品质。

（1）提高稻米营养品质。作物产品的品质是指产品的优质程度，内容非常丰富，涉及农产品的实用性、安全性和商品性三个方面，其中又以实用性指标包含的指标最多，包括作物产品的营养性状、工艺性状、加工性状和生命活动性状。具体到稻米的品质包括出糙率、精米率、整精米率、垩白度、米粒长度及形状、糊化温度、胶稠度等。稻鸭共育能够明显改善稻米品质，多项研究表明，稻鸭共育的稻米出糙率、整精米率、胶稠度、垩白度等各项品质性状均优于常规栽培的稻米。

（2）提高鸭肉品质。稻鸭共生系统鸭长期生活在稻田内，活动量大，野生性食源丰富，有利于改善鸭肉的品质。据研究发现，稻鸭共生一定程度上提高了鸭肉的pH、肉色黄度值以及熟肉率。pH与系水力有关，一般情况下当宰后肌肉pH下降，肌肉组织的蛋白质保持内含水分的能力随之降低，肌肉 pH 越高，其失水率就越低，系水能力就越强。因此，稻鸭共生有提高鸭肉锁水能力，提高鸭肉的嫩度以及熟肉率的趋势，从而改善了鸭肉品质。由于常规鸭在地上平养能量摄入较多，活动量相对少，肌内脂肪的沉积多，而稻鸭生态种养活动量大，能量消耗多，肌内脂肪的沉积少，因此与常规鸭肉相比，稻鸭共生的鸭肉皮脂厚、腹脂率降低、腿肉率提高，可见通过稻鸭共生可以提高鸭肉的屠宰品质，改善鸭肉的口感。

3.开发乡村旅游产品

乡村旅游本质上是一种创意性的经济活动，这种活动不仅表现在游玩观赏的体验过程中，还表现在乡村旅游产品的开发中，即乡村文化被创造性地加工、设计以服务市场需求的活动当中。稻鸭共生这一旅游项目既可以开发水稻产品，也可以开发鸭产品进入市场。与普通产品相比，稻鸭共生系统产出的产品更符合人们对食品品质的期待，且可以结合农事体验活动使游客清楚稻鸭产品的生产过程，了解绿色无公害稻鸭产品的生产原理。根据游客需求，可以系统地开发稻鸭产品市场。

一是生产无公害稻米、绿色稻米、有机稻米、无公害鸭肉、绿色鸭肉、有机鸭肉、无公害鸭蛋等，直接销售给游客或进入市场。不同群体对食品品质的要求不同，可以根据人们对食品等级的要求不同而展开生产。如生产无公害稻米、鸭肉及鸭蛋，可允许稻鸭共育过程中使用化肥、低毒农药，添加饲料；如生产绿色稻米、鸭肉及鸭蛋，则应选择生态环境质量较好的田块进行稻鸭共育，在生产过程中允许限量使用化肥、生物农药，投喂规定范围的鸭饲料，按特定的操作规程生产、加工并经过专门机构检测认定后再进入市场；如生产有机稻米、鸭肉及鸭蛋，则按照有机食品生产要求选地、生产，在生产过程中不使用任何化肥、农药，且不添加饲料喂养鸭子，按特定的操作规程生产、加工，产品质量及包装经检测、检验符合特定标准，并经专门机构认定后进入市场。

图8 稻鸭系统的一系列加工产品

　　二是在初级稻鸭产品的基础上加工成食品。如将水稻种植为糯稻，可以生产不同食品等级的二级产品，包括糯米酒、糯米饼、糯米团等；也可以将鸭产品进行深加工，生产不同食品等级的产品，如鸭脖、鸭脯、鸭爪、板鸭等（图8）。这些加工而成的食品都已有成熟的市场，深受消费者喜欢。通过延长产业链，还能够促进与企业的合作，进一步提高效益。

三是进入餐饮业，使游客能够在酒店、餐馆就可以品尝到来自稻鸭共育系统中的绿色大米、鸭肉、鸭蛋等。通过就地品尝可以给游客带来最直接的美味，回味之余，还会顺带选购相关产品回家，达到扩大宣传、促进消费的效果。

二、稻鸭共生的生态学基础

随着环境保护意识的增强，人们越来越认识到发展生态农业的重要性。作为支撑主要粮食生产的稻田生态系统不仅担负着粮食安全的重任，还对生态环境起着重要的协调作用。稻田作为一个独立的生态系统，受到人工措施的强烈影响，是典型的人工生态系统。传统集约化稻田生产以水稻这一单一物种为主，系统组成成分少，资源利用效率低、生产结构层次单一，系统自我调节能力小，系统稳定性差，对人工辅助措施的依赖性强，需要通过投入大量的化肥与农药来确保水稻产量的稳定高产，但是会对稻田生态安全、环境健康和稻米食用安全产生一定威胁。稻鸭共生系统是一种种养结合的生态系统，利用水稻与鸭之间的共生共长关系按一定结构和比例组合在一起。一方面稻田的立体空间以及水、气、光、温和生物资源为鸭提供了一个良好的生活环境，并且还为鸭子增加了食物来源，提高稻田内资源的利用效率；另一方面，鸭日夜在田间活动食取田间杂草残叶和害虫，减少了对人工辅助能化肥、农药的依赖，改善了水体环境，改良了土壤质量，能够促进水稻生长。可见，在稻田内加入鸭这一动态生物以后，稻田生态系统的结构和功能得到改善，形成了稻护鸭、鸭促稻互益共生的良性生态系统。

（一）稻护鸭

1.水稻生物学特性

水稻为一年生禾本科单子叶作物，喜欢生长在湿润有水的环境中，最适的生长温度为28 ～ 32℃，属典型的喜温作物。根据水稻的感温感光特性，可以将水稻分为早、中、晚稻，各季水稻均可与鸭共生共养。常规水稻是先育苗再移栽，从播种到移入大田一般要经历20 ～ 28天育苗期，待秧苗移入田间扎稳根后鸭才放入稻田，此时水稻已有20厘米以上的高度，超过雏鸭的身高，雏鸭采食不了水稻苗，不会对其造成大的伤害。随着水稻生育进程的推进，水稻不断长高长粗，冠层越来越厚，形成安全隐蔽空间保护鸭子（图9）。

水稻对水分需求量大，既有维持基本代谢的生理需水又有保持体态和生长环境所需的生态需水。基于水稻生长所需的水环境，鸭才能与水稻共生在一起。而事实上要达到较好的共生效果，能与鸭形成共生系统的作物不能太高也不能太矮，太高鸭子不能捕食到着落作物上部植株上的害虫与菌丝等，太矮则可能被鸭子长期在田间踩踏、嫩叶被啄食而遭受伤害。水稻刚好符合要求，虽株高不断增加，至成熟期为90厘米

图9　稻为鸭提供安全隐蔽空间

左右，但生长过程中其高度在鸭子之上，也始终在鸭子的控制范围之内。如，对于上部高于鸭子部分的昆虫，鸭可以通过跳跃来捕捉。可见，水稻与鸭的共生是绝佳的配对。

2.提供适宜的环境

稻鸭共生系统中，鸭刚孵化不久就被放下稻田直到长大后才离开，稻田是其成长、捕食、栖息的唯一场所。鸭能长期在稻田内生活与水稻为其提供一个良好的生存环境脱不了关系。

（1）结构良好的立体空间。稻田由于水稻的存在，使简单的平面地块变成了一个有层次结构的立体空间。这样的立体空间既满足了鸭在宽敞平坦水面上行走游玩的需求，又符合鸭子对隐蔽安全的环境要求。得益于这个立体空间，鸭子的活动范围大大增加。它可以跳起捕食附着在水稻叶片上的昆虫，也可以钻入水中翻食土里的生物，还能啄食土面和水面上的动植物，极大地丰富了鸭子的劳作内容。这样鸭子、水稻和田区就形成了一个独立的生态系统，水稻植株位于生态系统的上部，为鸭子提供遮阴隐蔽的场所；鸭子处于生态系统的中部，可同时捕食上部和下部害虫杂草（图10）。

图10 结构良好的立体空间

（2）优化的水环境。稻田由于经常需要进行排灌水，一般会有较为发达的沟渠系统，田区会安排在水源充足、方便灌溉的地方，以保障插秧后对水层的要求。鸭子入田以后，田间一直保存有8～10厘米的水层有利于鸭子的生活与水稻的高产，发达的沟渠为灌水和换水提供了便利，可以满足鸭对干净水体的需求。而稻鸭共生反过来能够降低稻田表层水体的温度与pH，增加水体氮、磷、钾含量，提高电导率、氧化还原电位和混浊度，改善了稻田的水体环境。优化的水体环境更能促进鸭子和水稻的生长发育。

（3）充足的资源。由于水稻的存在使稻田系统的光、温、水、热和生物资源变得丰富起来。水稻冠层位于系统内的上部空间，能够遮挡部分阳光，改变射向水面的光线，使得水体的温度随之发生改变。被太阳直射的水面部分，接受的热量多，温度上升较快且水温高于被水稻遮蔽部分的水体温度；光线与温度的变化导致水体中的生物分布也发生相应变化。稻田内的小区域增多，因此可供鸭子选择活动的空间也更多。

3.提供丰富的食源

稻田养鸭最初出现的原因就是稻田能够为鸭子提供丰富食物，从流动放牧阶段到区域巡牧阶段，再到后来的稻鸭互利共生阶段，稻田都是鸭群食物的重要来源。鸭是一种杂食性和亲水性的动物，对食物的组成与精细度要求不高。稻田中的杂草、昆虫、水稻的小分蘖和老枯叶以及水生浮游动植物都是鸭子的食物来源。正是鸭与稻田内其他生物捕食与被捕食的关系，使系统内形成多级食物链和食物网，稻鸭共生系统才得以良好运转。

稻鸭共生模式中，鸭在育雏期后即可放入稻田内，全天24小时生活在田间捕食稻田内的杂草、昆虫。为促进鸭在田间的捕食，稻田鸭每次的饲喂量只能为舍鸭的60%～70%，防止过饱鸭在田间不活动，而达不到捕虫除草效果。一般情况下，稻鸭共生系统可节省30%左右的鸭饲料，且可避开抗生素饲料添加剂的使用，生产无公害鸭肉。

（二）鸭促稻

1.鸭的生物学特性

鸭是一种水陆两栖动物，由野生绿头鸭和斑嘴鸭驯化而来（图11）。一般鸭的体型较小，嘴扁平，与水稻共处不会对水稻苗产生破坏；全身覆羽，羽毛较短，颈短腿粗，腿位于身体后方，因而步态蹒跚。鸭子喜水，保持有水禽野鸭的习性，爱在水中寻食、嬉戏、求偶交配；性情温顺，胆小怕惊，喜欢集群，适合大群牧养或圈养；耐寒怕热，故鸭场需搭凉棚或遮阳网来防暑降温。鸭食谱广，喜杂食，由于其嗅觉、味觉不发达，对饲料的味道要求不高，不论精粗、动物或植物饲料均可作为鸭食，因而适宜在田间放养。鸭反应灵敏，活动能力强，容易接受训练和调教。鸭的生活很有规律性，可以通过训练形成一定的放牧、休息、觅食、交配、产蛋的时间规律，这种规律一旦形成就不易改变。由于人类长期的驯化、选育，大多数鸭已丧失了就巢的本能，因此无孵化能力，需要进行人工孵化和育雏来繁殖。

鸭子长期在稻田中生活，在游走过程中常会与水稻产生碰撞与振动，在觅食过程中会对水稻茎秆与叶片进行抚摸与嘴啄，在践踏中耕与翻土过程中与水稻根系有抚触与摩擦，这些频繁的活动势必对水稻产生刺激作用，从而影响水稻的生长发育。稻鸭共生系统中的水稻株高、叶面积指数、生物量方面有减小趋势，但根冠比、根系活力等指标却有增加趋势，对水稻的生长具有一定的促进作用。稻鸭共育还对水稻株型有影响，增加了水稻植株的冠层幅度与松散度，有利于扩大叶片的受光面积，减少漏光损失，提高了水稻生育前中期的光合效率。鸭子在稻田的啄食会减少水稻的无效分蘖，使养分更集中地供给有效的稻穗。经过稻鸭共育生产出来的水稻结实率、穗总粒数和千粒重均得到不同程度的提高，说明鸭子能够促进水稻的生长。

图11　普通家鸭（左）与绿头野鸭（右）

2.控制虫害

稻飞虱、二化螟、稻纵卷叶螟等是稻田中最常见的害虫（图12至图14），水稻若遭遇这些害虫侵害，一般情况下会导致产量减少10%～20%，严重时则会损失40%～60%，甚至绝收，对水稻的影响非常大。普通单作稻田一般都会直接使用杀虫剂喷雾进行防治，但也带来了许多负面效应：①杀害田间天敌，杀虫剂在控制害虫的同时，也会杀死稻田内的天敌，比如蜘蛛（图15）、赤眼蜂等，减少稻田的生物多样性，降低稻田的自我防御能力。②害虫产生抗药性，实践证明长期使用一种农药会导致害虫产生抗药性，需不断加大剂量以达防治效果，或更新产品（也会产生新的危害）。③农药残留，老百姓为了更迅速地达到防治害虫的目的，常加大使用剂量，进一步加剧农药残留，影响稻米品质。④污染环境，农药施到田间以后只有30%左右能够被利用，大量未被利用的部分会进入河流、湖泊等附近流域，部分会进入地下水，另有一部分会残留在土壤里，导致鱼虾死亡并产生生物富集作用，影响人类健康，破坏生态环境。

图12　稻飞虱为害状及其成虫

图13　二化螟为害状及其成虫、幼虫

图14　稻纵卷叶螟为害状及其成虫、幼虫

图15　稻田蜘蛛

　　稻鸭共生系统由于鸭子的加入，可很好地控制稻田虫害。据统计，稻鸭共生对稻飞虱的防治效果为73%～98%，对稻叶蝉的防治效果可高达100%，足以完全替代化学农药；二化螟与稻纵卷叶螟幼虫常被包裹在茎秆或束叶苞里，防治效果为40%～60%。防治效果的差异与放鸭密度、虫口发生密度以及田间其他管理措施有关，可配合其他生物防治方法控制，如放赤眼蜂、田间布置"性诱导剂""频振式杀虫灯"（图16）等。此外，鸭子对稻田中的福寿螺也有较好的防控作用。鸭子的捕杀能力随着采食量增加而增强，其对害虫防治的效果也越明显。一只长大的鸭子控虫范围可达50～60厘米，大鸭每小时的采食量可达213只昆虫。日本福冈农业综合试验场曾对鸭子胃容量进行过调查，发现鸭子的胃里有417～1 033只昆虫，数量惊人。而且鸭子不管白天黑夜，全天候捕食害虫，即使是夜间也十分活跃。

图16 稻田性诱导剂与频振式杀虫灯

鸭对稻田害虫的防治通过两个途径完成，包括直接途径与间接途径：①直接途径，即鸭子觅食捕杀作用，通过对害虫或害虫虫卵进行不同程度的捕捉，降低虫口密度，从数量上减少害虫。②间接途径，主要通过改变稻田内自然天敌及害虫生存环境来控制。鸭子的引入改变了原有系统的生态位，导致系统内食物链、食物网发生变化，改变系统内物种的生存环境及丰度，增强系统的防御能力，这可通过两方面来实现。一方面鸭子的存在可以提高系统内自然天敌如蜘蛛、赤眼蜂、隐翅虫等的数量，提高蛛虫比、蜂虫比。另一方面，鸭子集群作业改善了稻田生态环境，鸭的活动破坏了害虫的生存条件，同时促进了水稻的生长，提高其抗性。具体机制包括鸭改变害虫活动规律推迟发生期、提高抗虫微生物活性、改变害虫营养适口性、鸭活动促进根系生长并使叶片分泌更多酚酸类物质、鸭活动提高水稻角质层厚度和木质素含量、增加叶片的硬度、鸭改变虫害发生时间和害虫生长空间等。

值得注意的是，鸭子对水稻害虫的天敌既有一定捕杀作用也有促进作用。有关研究表明，鸭子在捕食田间害虫的同时也会捕食稻田蜘蛛，一定程度上减少了蜘蛛的数量，但蛛虱比还会提高。在寄生性天敌方面，主要是卵寄生蜂和幼虫寄生蜂，其被寄生率比一般常规稻作系统要高。随着稻鸭共生系统运行年限的增加，稻田内天敌群落的数量总体呈逐年增加的趋势，制约了水稻害虫的生长与繁殖。

3.减轻病害

水稻病害是由于病原菌入侵引起的，由于长期生活在有水环境，水稻病害发生概率比旱作作物要高。水稻病害共有240余种，其中以稻瘟病、白叶枯病、纹枯病的分布最广、危害最重，是我国水稻作物的三大重要流行病害（图17）。稻鸭共生对水稻纹枯病具有明显的防治效果，水稻的分蘖期和孕穗期是纹枯病的发病高峰期，有关试验证明与不作防治的稻作系统相比，稻鸭共生系统中纹枯病的病情指数下降10%以上；而与常规农药防治的稻作系统相比，两个时期病苞率分别下降了3.9%和9.1%，病株率则分别下降1.8%和5.3%，效果十分显著。可见，稻鸭共生能够代替药剂防治纹枯病。稻鸭共生对稻瘟病也有明显的控制效果，南京农业大学的研究发现稻鸭共生对稻瘟病的综合控制效应可达57.02%，而湖南农业大学的研究也表明稻鸭共生能够明显减少稻瘟病发病率，其中规模化稻鸭生产病株率降低48.5%。云南农业大学同样得到了相似结论。条纹叶枯病是由灰飞虱传播的一种病毒病，由于鸭子对飞虱有良好的捕食效果，稻鸭共生也能够很好地控制条纹叶枯病的发生，病发率在1% ～ 2%，危害指数低，为2 ～ 3级。

图17 水稻常见病害

稻鸭共生系统中，鸭对病害的防治作用通过多条途径实现。

在"防"的方面，包括：①鸭子经常在田间走动可促进空气流通、改善通风透光条件、降低相对空气湿度、保持温度的稳定性，形成不利于病菌生长繁殖的环境条件，从而降低发病的概率和病害的危害程度。②鸭子在活动过程中把田泥涂擦砌封在水稻茎秆上，起到了隔离作用，不利于病原菌的入侵。③鸭长时间在田里活动而形成混水现象能抑制菌原体的光合作用和萌发。④稻鸭共生系统中，鸭子啄食了无效分蘖，刺激水稻健康生长，提高了水稻的抗病能力。

在"治"的方面，包括：①鸭子可以啄食部分菌核，从而减少菌源。②鸭子的游动啄食，可使大部分萌发的菌丝受到创伤，从而萎缩，停止侵染。③鸭粪中含有抑菌成分，能抑制病菌的发生与扩散。④鸭自身的化学物质和微生物对水稻抗性和病原菌产生影响。

4.鸭粪肥田

鸭粪是一种养分丰富的肥料。一般情况下，鲜鸭粪中氮、磷、钾平均含量分别为0.71%、0.36%和0.55%，是养分均衡、含量较高的有机肥。鸭子的粪便随着排泄、搅拌而被水稻田土壤吸收，利用率高，肥效显著。在稻鸭共生系统中，鸭子全天候在稻田区活动，其排泄物也直接留在稻田中，是稻田土壤重要的营养来源。据调查，1只鸭每日平均产0.14千克鲜粪，按每亩稻田放养20只鸭，每季与水稻共处60天来计算，一季下来可排鲜粪168千克，相当于向田间施加全氮1.85千克，全磷2.35千克，全钾1.04千克，同时还可以增加土壤有机质44千克。鸭粪有利于土壤有机质的快速积累，主要得益于稻田的淹水环境，土壤通气性差，有利于有机质的积累，提升土壤地力。

稻鸭共生能够改善土壤养分状况、土壤结构与土壤通气条件，有利于水稻对养分的吸收。研究发现有机稻鸭共生能在不施用化肥条件下保持较高的土壤肥力水平，这主要由于：①稻鸭共生系统内鸭子排放的粪便与还田饵料的分解释放大量养分，除了氮、磷、钾元素以外，还含有丰富的铁、锰、硼、钙等微量元素。②鸭子在日常活动中吃掉了稻田中的藻类与杂草等，减少了肥料的无用消耗，节省了肥料。③稻鸭共生环境中有机质的分解以及鸭子活动对土层的扰动提高了土壤氧化还原电位，有利于物质的分解，加速土壤原有养分的有效化。④鸭粪中本身含有的丰富微生物，再加上鸭的觅食、搅拌改善了土壤的通气状况，促进土壤微生物活动，加速养分循环，增加土壤有效养分含量。⑤鸭子的田间活动与刺激促进了水稻根系的生长，提高了根冠比，增强了水稻根系活力，从而促进了根系对养分的吸收。

由于鸭粪良好的肥田作用，稻鸭共生系统可以减少化肥的使用量，甚至可以不用。如果按50米^{2}放养1只鸭子的标准，鸭子的排泄量可基本满足水稻正常生育所需的氮、磷、钾养分，不再需要额外添加肥料；但若要保障水稻的高产高效，光依靠鸭粪还不能够满足需求，可以通过配施有机肥料、种植绿肥或开展水旱轮作来改善情况，实现水稻化肥零使用生产。

5.中耕除草

杂草在稻田里与水稻争夺光、温、水、肥等资源与空间，若不加以防治，会严重影响水稻的生长发育，导致水稻减产。据统计，常规稻田中的杂草从田间吸收的氮素相当于水稻植株吸收量的8%以上，使水稻产量降低10% ～ 30%。稻田杂草种类多，约有200种，其中危害严重的有20余种，常见的杂草有鸭舌草、丁香蓼、稗子、水虱草、陌上菜、异型莎草、矮慈姑、千金子等，大体上可分为单子叶杂草、双子叶杂草、阔叶杂草、禾本科杂草和莎草科杂草等类群组成（图18）。

图18　水稻常见草害

常规稻田一般采用化学剂除草清除杂草，这是农田杂草最主要的控制手段，会对环境产生很大的污染。稻鸭共生系统引入鸭子后，鸭对杂草具有很好的防控效果。稻鸭共育对稻田杂草的控制作用主要是通过以下几个方面实现的：①鸭日常在田间活动，通过啄食与踩踏清除草龄不长、形体矮小的杂草，如鸭舌草、节节菜等。②鸭不停地翻动土壤，可以把落在土层里的杂草种子翻出取食，减少了下一季杂草的发生，降低了杂草的种群密度。③鸭在田间啄食、搅动产生混水作用，导致射入水里的阳光大大减少，改变了水中的光热条件，抑制了田间杂草的萌发与正常生长，也具有除草效果。④为了保证鸭在稻田内的正常活动，稻鸭共育的田块需一直保持 3 ～ 5 厘米的水层，改变了部分杂草的适生环境，导致此类杂草的种群数量迅速降低，即便能在田间勉强生存，其植株个体也非常矮小容易被鸭子取食或被鸭群活动所干扰，如陌上菜、丁香蓼和水虱草属于此类。⑤鸭长期生存在稻田内，鸭粪和羽毛等在微生物的作用下发酵，会产生大量有机酸性物质，如肉桂酸、丙酸等，这些物质在水中抑制杂草的酶活性，破坏杂草种子的休眠，进而打乱杂草的生活周期而使其死亡（图19）。

稻鸭共育对田间不同杂草的防控效果有所不同。一般来说鸭子对单子叶杂草的防控效果略优于双子叶杂草，对阔叶杂草的防治效果优于莎草科杂草和禾本科杂草。据南京农业大学多年的研究发现稻鸭共育对阔叶杂草的防控效果最好，如对陌上菜、鸭舌草、丁香蓼等的控制效果均在90%～100%，甚至高于化学防控效果；其次是莎草科杂草，如对异型莎草、牛毛草的总体防控效果为80%以上；对禾本科杂草的效果较差，如对稗子的防控效果为75%。

图19　鸭在稻田内中耕除草

　　稻鸭共育对杂草的防治效果还明显受到鸭的影响。随着放鸭时间的延长，鸭子体积的增加，鸭对杂草的防控效果增强；而常规化控杂草方法则随着时间的延长，药效降低，对杂草的防控效果减弱。因此与常规化控杂草方法相比，稻田养鸭对杂草的防控更具优势。随着稻鸭共育的年限增加，稻田内杂草的种类和数量都会减少，南京农业大学的研究发现到稻鸭共育的第四个年头，田间除了有少量稗子以外无其他杂草发生。放鸭数量也会对控草效果产生影响，在一定数量范围以内，随着养鸭数量的增加，杂草密度越低，对杂草的控制效果越明显。试验证明，每亩放鸭数量在15～20只对杂草防除效果较好，既可达到控制杂草的目的，鸭的密度又不至于过大。

三、规模化稻鸭共生技术

（一）双季稻稻鸭共生模式

我国南方稻田多以早、晚双季稻生产为主。早稻一般3月采用设施大棚或露地拱棚进行秧苗培育，4月进行插秧或抛秧；晚稻一般6～7月培育秧苗，7月至8月上旬进行插秧或抛秧。在双季稻田实行稻鸭生态种养，具有十分明显的社会效益、经济效益和生态效益，是促进南方农业可持续发展的重要耕作制度。采用早、晚双季稻田稻鸭共生模式，必须根据当地的具体条件，采取相应的技术方案，保证各项措施落实到位。

1.双季稻生产的特点

（1）双季稻的光温水资源。以湖南省中部早、晚双季稻区为例，其气候资源的利用有其独特的方面。

一是太阳辐射年总量和日照时数虽然偏少，但稻作期间（4月至10月下旬，下同）太阳辐射与日照时数值较大。株洲地区太阳辐射年总量仅为4 471.6

兆焦／米²（30年气象数据平均，下同），低于华南地区的5 024.3～5 861.7兆焦／米²。然而水稻生长期间的太阳辐射量达3 173.7兆焦／米²，占年总辐射量的71%；日照时数占全年（1 584小时）的73%，相当于全省平均水平。若包括晚稻重复利用早稻后期部分光温资源，则双季稻生长期间的总辐射量多达3 349.5兆焦／米²，最高的可达4 009.0兆焦／米²（株洲南部）。其中晚稻期太阳辐射量高达2 131.1兆焦／米²（最高可达2 305.3兆焦／米²）比早稻期的1 682.7兆焦／米²多448.4兆焦／米²，多出的部分恰好晚稻采用迟熟品种（组合）可利用。

二是早、晚稻的安全生育期比较短，如长沙、株洲、湘潭地区按3月下旬（株洲地区多年平均值为3月29日，长沙地区为3月底至4月初）稳定通过11℃至9月中下旬日均温大于22℃，免受"寒露风"危害的安全生育期为178天。早稻播种期光、温变化较大，容易造成烂种、烂秧与僵苗。晚稻免受"寒露风"危害的保证率在9月15日前为72%，在9月22日前为61%，故早稻、晚稻的两头都要采取保温防寒措施。盲目提前播种早稻和盲目推迟晚稻播种来延长生育期都具有较大风险性。只能采取在安全期内晚稻提前播种育秧的方式——即有效利用早稻生长后期光、温资源，保证大部分晚稻于9月15日前，最迟9月22日齐穗，确保正常收获。

三是在水利条件较好、灌水有保证的地方，干热风对稻作产量的影响并不突出，主要受制于熟期内利用的太阳辐射量。早稻产量与熟期内利用的太阳辐射量呈显著正相关，晚稻产量亦与熟期内利用的太阳辐射量成正相关。特别是早稻产量形成期（6月中旬至7月中旬）正是太阳辐射高峰期，太阳总辐射量达1 030兆焦／米²左右，日均25.2兆焦／米²，从而有利于早稻产量的形成。晚稻产量形成期太阳辐射量虽少于早稻，但亦达到837.4兆焦／米²左右，日均20.9兆焦／米²。由于9月中下旬太阳辐射量逐渐减少，加之秋季冷空气经湖区沿湘江河谷直接侵入，容易出现1～2天低于23℃或22℃的日均温，但9月中下旬持续3天"寒露风"危害的概率只有30%～36%。为使晚稻免受"寒露风"危害的保证率达80%，必须采取相应的措施。

（2）规模化双季稻生产的熟期搭配。熟期搭配对早、晚双季稻产量影响很大。晚稻产量与重复利用光温时间（早稻后期生长与晚稻秧苗生长同步的时间）呈极显著正相关。故早、晚双季稻的熟型搭配是开发光、热资源进行技术组合的主要内容。晚稻重复利用光、温资源则是关键因素。多年试验表明，"中配特迟""迟配迟""中配迟"三种模式的双季稻的产量分别居第1位、第2位、第3位。但从"双抢"农耗时间来看，按安全生育期170天计，"迟配迟"与"中配特迟"只有2～3天则明显不够，易造成早、晚稻收、插季节紧张或重叠，难以保证早稻在适期内收完与晚稻在高产插期内（7月25日前）或适期内（7月底）插完。在安全生育期170天的地方，适当增加晚稻重复利用光、温时间来安排品种（组合）可以解决"双抢"季节的矛盾。为此，掌握晚稻可能重复利用光、温时间及其收插农耗时间是熟型搭配中的关键因素。可用如下公式表示：

晚稻可重复利用光、温时间＝早稻后期生育期

双抢农耗时间＝晚稻秧龄期－重复利用光、温时间

总体分析，在保持早稻早熟、中熟、迟熟4∶3∶3的比例下，在安全期＞178天的地方，采用"早配迟"40％，"中配中""迟配中"60％（含秧田占13％）的比例，可使总产量达到最高水平，在规模生产条件下，"双抢"农耗时间比传统零散种植的农耗时间明显延长，为5～15天。因此，"双抢"农耗天数应计算在晚稻育秧时间内，特别是双季晚稻，必须采用秧龄弹性较大的品种（组合）、适宜培育壮苗的育秧技术。

2.适宜规模化双季稻生产的育秧新技术

（1）单双粒定位播种育秧技术。

品种选择：根据当地实际情况选择发芽率高，产量高，抗性好的优质水稻品种。

种子处理：首先是种子精选。要实现单本机插条件下漏蔸率控制在8％以内，首先要求种子发芽率和成苗率高。因此，用来播种的种子第一步必须清水选或风选，清除秕粒和杂质；再通过光电比色机精选，去除发霉、变质和不成熟等失去活力或活力不高的种子。其次是种子包衣。单（少）本精确定量育秧技术

的种子，吸水萌动成苗的过程都在秧田完成，因此不能像常规种子那样可以用三氯异氰脲酸浸种或其他拌种剂拌种来达到对种子灭菌消毒的目的，只能对干种子进行包衣处理。

种子定位：根据插秧机取秧规律，用机器或人工在纸张上排好胶点（胶用可溶于水的淀粉胶），胶点之间的距离横向14毫米，纵向17毫米，胶点大小与一粒水稻种子横切面相当，然后把精选后包衣好的种子单粒定位在上面，形成一张张或一卷卷的种纸（图20）。

图20　种子定位

播种：①秧田准备。选择排灌方便，交通便捷，土壤肥沃，没有杂草等田块作为秧田，面积按与大田比例1：（50～60）备足。播种前半个月将秧田整耕1次，播种前3～4天整耕耙平，每亩撒施45%复合肥60千克（建议早稻在秧床上撒施适量壮秧剂）。按厢宽140厘米、沟宽50厘米开沟做厢，厢沟、围沟、沟沟相通。②摆盘上泥。每亩需要的秧盘数量，根据大田栽插密度而定，建议早稻插2.4万株，中稻1.6万株，晚稻2.2万株。按这样计算，七寸盘早稻需44个，中稻30个，晚稻40个；九寸盘早稻需36个，中稻24个，晚稻33个。摆盘时，以厢床中间为准，从田块两头用细绳牵直，四盘竖摆，中间两盘对准细绳，秧盘之间不留缝隙。把沟中泥浆掏入盘中，剔除硬块、碎石、禾蔸、杂草等，盘内泥浆厚度保持1.5～2厘米，泥浆含水量100%～120%为宜，抹平待用（如早稻育秧气温低需用敌磺钠或者甲基硫菌灵对秧床进行消毒）。③铺纸播种。据当地实际情况适时播种。将粘好种子的纸张，以粘种子面朝下的方式平铺在装好泥浆的秧盘里，并确保所有种子按事先定位好的状态落在秧盘内的泥浆上，然后用手轻压纸张，使纸紧贴泥浆，种子浸入泥浆（图21）。④放水浸种。放水浸至盘面，若水将纸张飘起，可用泥浆水压下使其不挪动，浸泡24小时后放水，将纸张揭掉，动作轻巧，确保不带出种子（图22）。

薄膜或无纺布：早稻育秧为保证秧苗生长的温度需求，在揭纸后用薄膜覆盖；中、晚稻为防麻雀取食和大雨冲刷可盖无纺布，齐苗后撤去。

秧田管理：①秧田水分管理。种子破胸露白后、立针前保持厢面无水而沟中有浅水，严防"高温煮芽"和暴雨冲刷种子；秧苗达1叶1心后保持平沟水，

图21　秧田播种

图22　纸张揭除

厢面湿润不开裂，开裂则灌"跑马水"。②秧田药肥管理。中、晚稻秧苗达1叶1心后，每亩秧苗用150克多效唑配成药液细水喷雾，以促根分蘖；当秧苗达2叶1心时秧田追尿素3～4千克／亩。

适时插秧：播种后20～25天（最迟不超过30天），叶龄4.1～4.5叶时，适时机插，早稻机插不少于2.4万蔸，晚稻机插不少于2.2万蔸，一季稻机插不少于1.6万蔸。30厘米行距插秧机横向抓秧20次，纵向取秧34次（取秧量17毫米）；25厘米行距插秧机横向抓秧16次，纵向取秧34次（取秧量17毫米）。

（2）水稻钵苗机插旱育秧技术。

品种利用：应选用通过国家或地方审定，宜在当地机插种植的优质、高产和综合抗性强的品种。种子质量要求达到国家二级标准以上，纯度98%以上，发芽率95%以上，发芽势85%以上，含水率15%以下。

晒种、选种：稻种经机械处理，除芒、去枝梗。选种前户外晒种2～3天，以提高种子发芽率（势）和出苗率。为节约成本，大面积生产上可采用泥水比重法选种，去瘪留饱，缩小种子个体间质量差异，提高种子萌发整齐度。泥水选种液的比重测定，如粳稻为1.08～1.10（鲜鸡蛋浮出水面大拇指大小），籼稻为1.06～1.08（鲜鸡蛋勉强漂浮）。杂交稻种可用清水漂选，分沉、浮两类分别进行处理，以保证同盘种子长势一致。选种后需用清水淘洗干净。

药剂浸种：为了避免种子带菌入大田侵染和传播（如稻瘟病、稻恶苗病等），选种后还应消毒，以消灭附在种子表面或潜伏在稻壳与种皮之间的病菌。大面积生产上一般消毒与浸种同时进行，即药剂浸种。每5千克种子用25%咪鲜胺2 000倍液和10%吡虫啉可湿性粉剂，主要防治恶苗病、稻瘟病和刺吸式口器害虫，加清水9～10千克，浸种60～72小时。

催芽：为使浸种后充分吸足水分的种子发芽均匀

整齐，提倡用水稻专用催芽机器集中适温催芽。根据设备和种子发芽要求设置温度等各项指标，一般控制在30～35℃，催芽10天左右。也可用通气透水性好的简易器具代替，上盖稻草或棉被保温保湿。播种前要求种子达到刚"破胸露白"，发芽率95%以上，出芽均匀整齐，芽长不超过1毫米。

苗床准备：①秧田选择。选择地块平整、土质肥沃、运秧方便及排灌便利的弱酸性沙质壤土作为育秧田块。按照秧田与大田的比例留足秧田，常规稻为1∶50，杂交稻为1∶60。秧田必须适当提前耕翻晒垡碎土，旱育秧床土要求调酸、培肥和清毒，pH为5.5～6.5。②营养土配制。营养土的质量直接影响钵体苗素质和幼苗生长发育。取肥沃的大田表层土晒干，打碎土块，剔除杂物，用五目*细眼网筛筛制。钵盘用土量约1.5千克／盘，常规稻应按70千克／亩备足营养土，杂交稻按60千克／亩备足。在营养土中加入水稻育苗壮秧剂（含有营养剂、化控剂、消毒剂和增酸剂等成分），可显著提高秧苗素质。每100千克细土加海安产"龙祺"牌壮秧剂0.5千克，充分拌匀，严格控制剂量以防使用不匀而伤芽烧苗。有条件的地区可研发钵育秧专用基质。③秧田培肥。根据长秧龄钵苗需肥特性，播种前20天，一般用无机肥对秧田进行培肥。参考用量：秧田施用氮、磷、钾高浓复合肥（氮、磷、钾总有效养分含量≥40%，比

---

* 目，为非法定计量单位，指每平方英寸筛网的孔数，其中1英寸=2.54厘米。

例分别为19%、7%和14%）70千克／亩；或用尿素30千克／亩、过磷酸钙80千克／亩、氯化钾30千克／亩。具体用量视所取田块的地力酌情而定，菜园土可减少培肥量，甚至不培肥。施肥后应及时翻耕，做到0～15厘米土层均匀施肥。④秧田整地与秧板制作。播种前10天上水整地，以薄水平整地表，无残茬、秸秆和杂草等，泥浆深度达5～8厘米，田块高低差不超过3厘米。经过2天的沉实后排水晾田，开沟作秧板，要求板面平整。根据钵盘尺寸规格，秧板宽1.6米，侧沟宽0.35～0.40米、深0.2米。做到灌、排分开，内、外沟配套（秧田内横、竖沟与田外沟），能灌能排能降。并多次上水整田耙平，高差不超过1厘米。⑤铺设切根网。为了防止钵体苗根系在起秧时粘连秧板而影响起秧与机插，同时可防止根系大量窜长至床土中，应在钵盘与秧板之间铺一层纱网（网孔直径<0.5毫米），即切根网。

机械播种：①播期安排。双季稻生产中常因茬口衔接不当导致机插稻秧田期过长，超秧龄移栽严重影响秧苗素质和机插质量。以"宁可田等秧，不可秧等田"为原则，在确保水稻安全齐穗和灌浆结实不受秋季低温危害的前提下，一般根据移栽期及大田让茬时间、大田耕整与沉实时间等，按照预定机插大秧龄25～30天来推算适宜播种期。②播量设置。实践中，适宜播量关键在于精确控制每盘的播种量，不同类型品种的每钵适宜成苗数不同。因此，每张钵盘播种量（干种重）应根据壮秧标准每钵成苗数和千粒重而定。常规粳稻平均每钵适宜4苗（即3～5苗），每钵播种5～6粒为宜，合每盘播干种量66～73克（千粒重27克）；杂交粳稻每钵适宜2苗，每钵播种2～3粒为宜，每盘适宜播量35克（千粒重26克）；而杂交籼稻每钵适宜2苗，每钵播种2～3粒为宜，每盘适宜播量22～34克（千粒重25克）。生产上，常规稻一般采用株距12厘米，理论栽插密度1.68万穴/亩，需钵盘约40张/亩；杂交粳稻采用株距14厘米，栽插密度1.44万穴/亩，需钵盘约35张/亩；杂交籼稻可采用株距16厘米，栽插密度1.26万穴/亩，需钵盘约30张/亩。确定了不同类型品种大田栽培的适宜用钵盘数与培育壮苗每钵对应的适宜播种量，即可准确称出每亩大田的需种量。③机械播种。播前严格调试播种机，使钵内营养底土用量稳定达到2/3钵孔高度；按不同类型水稻品种壮秧标准选控机器播量（每钵实际播种粒数），精播匀播；盖表土厚度以不见芽谷为宜，钵盘孔缘应清晰可见；摆盘前于秧板上铺设切根网；将播种完毕的钵盘沿其宽度方向并排对摆于秧板上，盘间紧密铺置，钵盘紧贴秧板不吊空。④覆盖无纺布。为防止出苗后芽尖窜长出无纺布外，应铺放适量麦秆或竹片于盘面，隔出幼苗萌发后的生长空间，再盖无纺布，四周盖严实。覆盖后立即浸水，水深不超过盘面，充分湿润钵土后立即排出，以促保湿、利齐苗。

秧田管理：根据钵苗生理特性和形态特征可将秧田概括为3个时期，依次采取相适宜的管理措施，并对苗期病虫害进行防治。首先，播种到2叶期。主攻目标：扎根立苗，防烂芽，提高出苗率与出苗整齐度。关键是协调水气之间的矛盾，以保证钵内土壤有充足的氧气与适宜的水分供应，促进扎根立苗。主要措施是湿润灌溉。覆盖无纺布后盘面不能缺水发白，补水可灌跑马水，做到速灌速排，始终保持土壤湿润状，既不渍水也不干燥。其次，齐苗后（2叶期）即可揭膜。揭膜时间应选择晴天傍晚或阴天上午，避免晴天烈日下揭膜，以防伤苗。若钵内水分不足，可补浇灌揭膜水，做到速灌速排。再次，2叶期到4叶期。主攻目标：促壮苗，保证叶期长粗，发生分蘖。关键在于及时补充营养，促进秧苗由"异养"转入"自养"。主要措施是早施断奶肥，水分管理以旱管为主，湿润灌溉相辅。断奶肥于揭膜后3叶期施用，按每盘4克复合肥于傍晚撒施（复合肥氮、磷、钾总有效养分含量≥40%，比例分别为19%、7%和14%）。施肥后用喷壶轻洒清水，防止烧苗。盘面发白、秧苗中午发生卷叶时，应于当天傍晚补水，速灌速排。为防止秧苗旺长，应采取化控措施控制秧苗高度不超过20厘米，以满足机械栽插要求。2叶期每百张钵盘可喷施15%多效唑可湿性粉剂500～700倍液，喷雾均匀细致，不重喷、漏喷。如果化学防控时秧苗叶龄较大或因机栽期延迟导致秧龄较长，需适当加大用量。最后，4叶期到移栽。主攻目标：提高栽后秧苗抗植伤力和发根力。关键在于提高苗体的营养含量，控水促健根壮苗。主要措施是施好送嫁肥，注意控水。送嫁肥于移栽前2～3天，每盘复合肥用量5克。即使盘面发白，只要秧苗中午不发生卷叶就不必补水。补水方法可用喷壶洒水护苗，若育秧田面积过大，亦可灌跑马水，但应做到秧板无积水。移栽前1天适度浇好起秧水，起盘时还应注意减少秧苗根系损伤。

病虫防治：密切注意地下害虫、飞虱、稻蓟马及稻恶苗病、苗瘟等苗期病虫害的发生。揭膜后每隔2天，化学药剂防治灰飞虱1次。参考用量48%毒死蜱乳油1 200毫升配用氟虫腈悬浮剂450毫升，对水于傍晚前均匀喷雾。机械栽插前喷施杀虫剂，带药下田以降低病虫基数。

以上两种机插育秧新技术，即单双粒定位播种育秧技术、水稻钵苗机插旱育秧技术突破了传统机插育秧的秧龄短瓶颈，比传统机插育秧秧龄延迟了5～10天，与人工移栽秧龄期基本一致，为规模化双季稻生产的有序开展，特别是双季晚稻，提供了大秧龄的壮苗，延长了晚稻生育期，进而实现了高产稳产。

3.共生技术

（1）核心技术。双季稻田稻鸭共生模式又有以下两种方式：一种是双季稻与两批鸭共生，即双季稻双批鸭模式，以饲养肉鸭为主；另一种是双季稻与一批鸭共生，即双季稻单鸭模式，以饲养蛋鸭较多。核心技术的采用必须与上述两种方法配套，因模式制宜。

双季稻双批鸭模式：尽量早栽早稻，尽量在大田早放雏雄鸭，适当增补玉米等无公害饲料，适时收鸭上市；尽量早栽晚稻，尽量在大田早放雏雄鸭，适当增补玉米等无公害饲料，适当推迟收鸭上市。

双季稻单鸭模式：大田适时投放雏雄鸭，适当增补蛋白质类饲料，晚稻田适当推迟成鸭下田时期，尽量提早产蛋时期，尽量推迟收鸭上市（春节前后）。

（2）围栏共生技术。以稻田养殖绿头野鸭为例，稻田围栏养鸭种养技术要点：

一是稻田整理。①稻田耕作方式多种多样。可实行水耕水整或旱耕旱整，耕作前不进行灌水浸泡。建议采用垄厢或垄畦栽培技术，开厢或起垄前施足基肥，每亩施有机肥1 000～1 500千克，加少量尿素、碳酸氢铵、钾肥；或不施用有机肥，每亩将复合肥40～60千克、硅肥30千克、硫酸锌5千克夹入垄内。②采用机械开沟分厢，厢面包沟规格为1～2米，采用起垄机起垄，起垄规格为垄高约30厘米，垄宽（包沟）约120厘米。③垄厢栽培技术的水稻密度采用宽窄行移栽，按实际垄厢决定；垄畦栽培技术的水稻高移栽密度为株距19.8厘米左右（斜坡距离），行距15厘米左右，每穴2～3苗，每垄6行，梯式排布。

二是野鸭养殖。①雏鸭选购：选购日龄7天左右、长势均匀、健康的绿头野鸭。②基础设施：添置喂食台于田块任意一角，按坐北朝南的方位建设，喂食台大小按20只／米^{2}计算；同时因地制宜，在田块周边设置围栏，围栏密度以刚放养的雏鸭不能通过为宜，围栏高度为60～80厘米为宜。③放养数量和时间：投放15～20日龄，个体重150～250克的雏鸭；放养时间为移栽后3～7天，一般每亩放15～20只。④科学饲养：按"早喂半饱晚喂足"的原则给雏鸭在早、晚各补料1次，以后仅在每天早上投少量补充料促育肥；绿头鸭的野性较强，给料要考虑到品种多样化，以满足其进食的习惯，一般喂食稻谷、稻米、玉米、菜叶、青草等。每50千克配合料加禽用多维素5克，微量元素辅加剂50克。⑤疾病防治：定期或不定期地对喂食台、器具进行清洁和消毒，2.0%的生石灰乳消毒围栏；对鸭进行饮水免疫或注射免疫接种疫苗，以20日龄左右接种较好，如发现异常情况，做好应急准备（图23）。

图23　围栏共生绿头野鸭在田间嬉戏

　　三是田间管理。①水分管理：垄沟长期保持5厘米以上的水层，可蓄积自然降水在垄沟中。②病虫害监测：仔细观察田间的病虫害变化，在病虫害集中突发前，采取物理方法和野鸭捕食相结合防治，但杜绝使用农药防治。③田间设施的查看：定期检查田间围栏、棚舍的破损情况，如有破损，要及时修复，防止黄鼠狼等动物偷食鸭（图24）。

图24　围栏共生稻田景观

　　四是收获。①野鸭收获：水稻生长发育至灌浆期后，要收回田间绿头野鸭，此时稻鸭共生时间为40～60天，绿头野鸭体重为1.0～1.3千克，达到了上市的标准，可以适时适价销售。如不能及时上市，则要选择一片水源充足的水域或稻田，供绿头野鸭外出活动和嬉戏。同时，如条件允许，可将母绿头野鸭继续饲养，用于产蛋，进行蛋产品销售或者孵化繁殖。②水稻收获：水稻稻穗中97%的谷粒呈金黄色时，进行收获，以便获得较高的产量（图25）。

图25 围栏共生水稻生长情况

五是饲养过程需解决的问题。①由于绿头野鸭仍保持着野生习性，80～100日龄的绿头野鸭具有一定的飞行能力，每次能飞行50～100米，对于群体饲养野鸭带来一定的困难。传统的处理办法就是采用烙铁在绿头野鸭的一边翅膀进行烫烙，使其一边翅膀形成残疾，从而不能飞行。另一种就是采用剪刀对30～50日龄绿头野鸭翅膀进行修剪。修剪过程中，只修剪一边翅膀即可。②与普通家鸭相比，绿头野鸭比较敏感，对外部环境出现的威胁，大多情况下会表现出一些过激的行为，进而影响进食和生长发育。因此，需要提前做好防范措施，野外放养时要提防狗和黄鼠狼的骚扰，如晚上收回鸭圈后，应做好防范家鼠的措施。

（3）放牧共生技术。仍以稻田养殖绿头野鸭为例，稻田放牧养鸭种养技术要点：

一是稻田整理。与双季稻鸭围栏共生技术一致。

二是野鸭养殖。①雏鸭选购：选购日龄7天左右、长势均匀、健康的绿头野鸭。②基础设施：在集中连片的稻田一角，鸭舍按坐北朝南的方位建设，大小按20只/米²计算；同时，还配置面积相当的稻田水面或山塘、小型水库等供鸭子傍晚收回后活动。③放养数量和时间：投放15～20日龄，个体重150～250克的雏鸭；放养时间为移栽后3～7天，一般每亩放15～20只。④放牧群体：按野鸭放牧区域稻田大小的不同，鸭群的大小也不同。一般以500～1 000只鸭为一群，群体的公鸭、母鸭配比也应按成品鸭的用途而定。如以蛋鸭为主，公鸭、母鸭配比以1∶4为宜，以肉鸭为主，公鸭、母鸭配比以4∶1或全部公鸭为宜。⑤科学饲养：按"早喂半饱晚喂足"的原则给雏鸭在早、晚各补料1次，以后仅在每天早上投少量补充料促育肥；绿头鸭的野性较强，给料要考虑到品种多样化，以满足其进食习惯，一般喂食稻谷、稻米、玉米、菜叶、青草等。每50千克配合料加禽用多维素5克，微量元素辅加剂50克。⑥疾病防治：定期或不定期地对喂食台、器具进行清洁和消毒，2.0%的生石灰乳消毒鸭舍；对鸭进行饮水免疫或注射免疫接种疫苗，以20日龄左右接种较好，如发现异常情况，做好应急准备。

三是田间管理。与双季稻鸭围栏共生技术基本一致。

四是收获。与双季稻鸭围栏共生技术基本一致。

五是饲养过程需解决的问题。除与双季稻鸭围栏共生技术需注意的问题外，还需注意：①由于鸭群每天都要放养和收回，因此，应在雏鸭阶段要有意识地对鸭群进行训练，包括定点、定时喂食，专人管理等。②由于鸭子活动具有群体性，鸭群往往集中活动，有别于围栏养殖，鸭子的活动范围小且集中，因此，需采用田间水分管理，引导鸭群在集中连片稻田全区域进行循环往复的活动，以发挥鸭子对稻田病虫草害的最佳防治效果。

（二）单季稻稻鸭共生模式

1.单季稻生产的特点

（1）单季稻的光温水资源。湖南中稻一般在4月中下旬播种，9月中下旬成熟。期间（4月21日至9月30日），湖南中稻种植区≥10℃活动积温为3 601～4 260℃，平均为4 063℃。湘西为3 813～4 081℃，平均为3 943℃；湘北为3 924～4 141℃，平均为4 058℃；湘中为3 953～4 169℃，平均为4 075℃；湘南为3 601～4 260℃，平均为4 149℃。湖南中稻全生育期降水量为679～1 050毫米，平均为819毫米。湘西为735～978毫米，平均为857毫米；湘北为742～1 026毫米，平均为832毫米；湘中为713～889毫米，平均为789毫米；湘南为679～1 050毫米，平均为803毫米。湖南中稻全生育期日照时数为743～1 055小时，平均为908小时。湘西为743～959小时，平均为846小时；湘北

为805 ~ 1 055小时，平均为941小时；湘中为827 ~
1 008小时，平均为932小时；湘南为776 ~ 1 011小
时，平均为921小时。

（2）规模化单季稻的熟期选择。分析中稻的气候
生态适应性，确定最佳齐穗期、最大允许齐穗时间界
限、适宜齐穗期重要内容，以湖南省为例说明。

最佳齐穗期的确定：湘西一季中稻抽穗扬花期
一般在7月下旬至8月上旬，其他地区的一季中稻抽
穗扬花期一般在8月上中旬。低温使中稻花器受到损
害，导致颖花不放，花药不能正常张开，传粉受精
发生障碍，导致空壳率增加，千粒重下降，影响产
量。湘西中海拔山区发生连续3天或3天以上日平均
气温≤23℃的低温年次频率为30% ~ 50%（2年一
遇至3年一遇），平均持续时间为4 ~ 5天；湖南中
海拔山区低温年次频率为10% ~ 20%，平均持续时
间3.0 ~ 3.5天，发生相对集中时段为8月中旬中期
至下旬中期，以始穗至齐穗期影响最大。湖南中稻
抽穗扬花期降水量全省平均为86.9毫米，大雨日数
平均为1.1天。其中湘西北部为71.2 ~ 122.2毫米、
0.9 ~ 1.6天，分别平均为100.0毫米、1.3天；湘西
中部为63.0 ~ 85.2毫米、0.7 ~ 1.1天，分别平均
为74.1毫米、0.9天；湘西南部为72.3 ~ 89.8毫米、
0.7 ~ 1.1天，分别平均为81.3毫米、0.9天；湘东
南为120.3 ~ 151.3毫米、1.4 ~ 2.0天，分别平均
为135.8毫米、1.6天。

最大允许齐穗时间界限的确定：由上所述，日平

均气温＞30℃（极端最高气温＞35℃）及≤20℃对灌浆结实及稻米品质提高不利。统计结果表明，达到80%保证率可避开这一温度区间的时间为7月20日至8月31日，另外加上9月12日左右为湖南省安全齐穗期，因此优质米形成的最大允许齐穗界限可以在7月20日至9月12日的近2个月范围内变动。由于7月以后受高温影响严重，9月下旬以后受低温危害严重，将抽穗期这样安排后，既避免了7月中下旬可能出现的＞35℃的高温危害，也可保证水稻在≤20℃低温到来之前有10～15天或以上的灌浆时间。

适宜齐穗期的确定：将最佳齐穗时间适当延长，作为该地区高产优质中稻所需要的适宜齐穗时间。其原则是：齐穗后到≤20℃低温到来之前必须有约10天灌浆周期作为保证期；齐穗开始时平均气温在27.4℃以下，避免受＞35℃以上极端高温影响的保证率应控制在80%以上。从而确认这一期间以8月22日至9月5日为宜。从其他气候因素与平均气温的配合情况来看，也以这一时期较优。从7～9月的平均气温变化来看，该地区7月中下旬温度维持较高，8月中旬开始下降，以后下降缓慢，到8月下旬开始，平均气温下降到28℃，至9月15日左右急剧下降。从日照时效来看，从8月初至9月底缓慢减少，但8月中旬至9月上旬，维持一个相对缓慢减少的时期。而这正与此时段的降水较少相一致。从气温日较差来看，9月上旬和下旬分别出现了一个高峰时期，尤以9月上旬天气有利于水稻灌浆物质积累。从以上分析结果可知，无论是对平均气温还是其他气象因素的分析来看，应将8月下旬至9月上中旬作为水稻适宜灌浆结实期。

从总体分析，以8月中下旬至9月上中旬作为水稻适宜灌浆结实期，再倒推回去，即可确定适宜的播种期和移植期。与早稻、晚稻比较，中稻栽培的营养生长期较长，植株的高度较高，更容易使稻鸭共生成功。

2.单季稻精量穴直播技术

（1）稻田耕整。首先，稻田进行基本的耕整作业，包括深翻、旋耕和耙平。然后，采用水田激光平地机进行最后的稻田平整，使得田面最大高程差为1～3厘米。

（2）种子处理。只浸种不催芽，减少播种时机械对种芽的损伤。播种前将种子用浸种剂浸种24小时，然后用清水反复冲洗干净残留药液，洗净后继续放入清水中浸种12～24小时。播种前12小时将种子摊放沥干水分，用丁硫克百威2.5千克／包拌种以防麻雀、田鼠等动物的危害（图26）。

（3）直播行距选择。为了适应中稻不同品种（常规稻、杂交稻、超级稻）、不同区域和不同种植习惯的要求，选用华南农业大学研制的2BD系列水稻精量穴直播机，有20厘米、25厘米和30厘米三种固定行距和（15厘米＋35厘米）宽窄行距可选，根据要求，还可装配其他行距的水稻精量穴直播机。2BD系列水

图26 精量穴直播的种子包衣

稻精量穴直播机分别有6行、8行、10行、12行和14行等机型。由于采用独立的排种器和种箱，2BD系列水稻精量穴直播机可以用于制种直播，还可以在同一田块中同时播不同的品种。

根据不同品种的生长特点、基本苗要求、播期和田间成苗率可调整播种穴距，以保证基本苗。2BD系列水稻精量穴直播机根据所选用的底盘结构，有多种穴距可调，如选用东风井关牌乘坐式高速插秧机底盘，穴距从10~25厘米有6级可调。

（4）播种量。根据直播稻的品种特性、茬口、直播区域和成苗率等情况，可调整播种量，如在南方地区，杂交稻每亩播种量一般为1.0~1.5千克，常规稻每亩播种量一般为2.5~3.0千克；在北方地区，由于气候原因，每亩播种量一般要求6千克以上。2BD系列水稻精量穴直播机采用型孔轮式排种器，通过理论计算和高速摄像技术，优化设计了排种轮的瓢型孔形状；设计了弹性随动护种带，降低了芽种的损伤。实际应用中，可选用不同型孔大小的排种轮，并可通过调整限种板和毛刷轮的位置调整播种量，调整范围为每穴3～10粒，从而实现了播种量可控的目的。

（5）2BD系列水稻精量穴直播机播种。2BD系列水稻精量穴直播机可一次完成平地、开沟、起垄和播种。为了适应开沟起垄的农艺要求，优化设计了开沟起垄装置，该装置主要包括滑板、蓄水沟开沟器和播种沟开沟器。滑板将田面拖平后，蓄水沟开沟器开出蓄水沟，两蓄水沟之间形成一定高度的垄台，然后在垄台上开出播种沟，垄沟截面均为梯形。台面宽和蓄水沟面上宽的比例视不同行距而定，一般取2∶1。垄沟深以不妨碍水稻根系正常生长和保证水稻生产期间所需用水为原则。以25厘米行距为例，垄沟面上宽9厘米，沟深6厘米，从而实现了"沟中有水，水不上畦"的湿润灌溉直播方式，为水稻湿润灌溉的实现提供了技术支撑（图27）。

针对直播稻倒伏的问题，开沟起垄水稻精量穴直播机工作时，将破胸露白的稻种采用穴播方式播在播种沟中。根据水稻生长特点，为保证穴径小于或等于5厘米以及成穴的要求，播种沟设计成上宽为5厘米、下宽为4厘米、深3厘米。采用播种沟播种方式，可减少由于稻种播在泥面被雨水或灌溉水冲散的现象；可实现稻种在湿润的泥面上生长；水稻长到一定程度时，播种沟能自动填满，可保证与机械插秧和人工插秧相当的根系入土深度（图28）。

图27　精量穴直播

图28　精量穴直播水稻生长情况

3.共生技术

（1）核心技术。中稻稻田稻鸭共生模式也有两种
方式：一种是中道与两批鸭共生，即中稻双鸭模式；

另一种是中稻与一批鸭共生，即中稻单鸭模式。核心技术的采用必须与两种方式配套，因模式制宜。

中稻双鸭模式：第一批鸭4月中旬孵出幼鸭，选雄鸭培育。先圈养或在冬季作物田中围栏放养，6月上中旬放鸭下田，适时移栽中稻，适当增补玉米等无公害饲料，7月中下旬收回上市。第二批鸭以雌鸭为主，7月下旬下田，适当增补蛋白质类无公害饲料，尽量提早产蛋期，适当推迟上市。

中稻单鸭模式：4月中旬孵出幼鸭，选雌鸭先圈养，尽量提早入田的时期，尽量提早产蛋时间，尽量推迟上市（春节前后）。

（2）中稻大小鸭共生技术。以稻田养殖绿头野鸭为例，稻田养鸭种养技术要点：

一是稻田整理。①稻田的基本耕作与双季稻鸭围栏、放牧共生技术基本一致。②构建稻田沟系，即稻田分为：稻作区、鸭栏区和饲料隔离岛。其中，稻田沟系为一字沟，且在田边内侧形成环沟；优选一字沟宽0.8～1.0米，深0.3～0.5米。稻作区将田块分为两部分，一部分为移栽区，一部分为直播区或抛秧区；移栽区与直播区或抛秧区呈块状间隔排列。移栽区与直播区或抛秧区的面积之比为1∶（3～5）；移栽密度中稻为20厘米×23.3厘米，直播的用种量为3.5～4千克／亩，抛秧的抛秧盘数为100～150盘／亩。

二是基本设施。在鸭栏区内设置鸭笼，设有位于内侧的小鸭室和位于进口侧的大鸭室，大鸭室的进口兼作出口；小鸭室与大鸭室之间设有栅栏，该栅栏的间隙小于大鸭的通过尺寸而大于小鸭的通过尺寸；鸭的侧壁和顶壁为板状结构。饲料隔离岛包括两种饲料区：有栅栏饲料区和无栅栏饲料区，栅栏的间隙以大鸭不能通过为宜。

三是养殖技术。①雏鸭投放方式和批次。第一批雏鸭、第二批雏鸭的投放密度均为20～40只／亩，投放时均为20～25日龄、个体重150～250克。中稻移栽后3～7天投放第一批雏鸭，于齐穗后3～7天投放第二批雏鸭，同时回收第一批雏鸭。②雏鸭的养殖方式为围栏式养殖或放牧式养殖两种；围栏式养殖添置鸭舍于田块任意一角，按坐北朝南的方位建设，鸭舍大小按8～12只／米^{2}计算，同时因地制宜，在田块周边设置围栏，围栏密度以刚放养的雏鸭不能通过为宜；放牧式养殖需放养在距离稻田1 000米以内，按8～12只／米^{2}计算鸭舍大小，并配备水面供鸭嬉戏。

四是田间管理。与双季稻鸭围栏共生技术基本一致。

五是收获。与双季稻鸭围栏共生技术基本一致。

六是饲养过程需解决的问题。除与双季稻鸭围栏、放牧共生技术需注意的问题相同外，还需注意：该技术共投放了两批雏鸭，且有较严格的投放时期，因此，第二批雏鸭的孵化或购进时间，应配合中稻的生长发育进程。

（3）中稻高密度共生技术。以稻田养殖绿头野鸭为例，稻田养鸭种养技术要点：

一是稻田整理和基本设施。①稻田的基本耕作与双季稻鸭围栏、放牧共生技术基本一致。②设置稻田沟系，稻田沟系沟宽0.8～1.0米，深1.0～1.8米，沟系形状有回字沟、一字沟或十字沟。回字沟为沿田埂内侧开挖口形沟，田边内侧形成4条环沟，稻田中间仍保持原状，所形成的平面在田面包括四条一字沟，其中一条深1.2～1.8米，其余三条深1.0～1.5米。③稻田沟系内设置分流浮岛和视觉隔离岛，其中分流浮岛为梯形分流浮岛，包括一个梯形平面架。梯形平面架内放水生植物凤眼蓝（水葫芦）；梯形平面架的两条平行的边长分别为2.8～3米和0.8～1米；梯形平面架的高度0.5～0.8米，平放在水面。分流浮岛的投放位置为鸭苗入田的一边，相邻两个分流浮岛的设置间隔为3～5米。视觉隔离岛为每隔3～5米种植植物，每组植物呈三角种植，每条边长30～60厘米；可选择茭白等挺水型水生植物种植（图29）。

二是养殖技术。①雏鸭选择：选择生命力、适应力、抗逆性均较强的中小型优良鸭品种，推荐采用绿头野鸭，使鸭在稻田中能自由穿行觅食。②养殖方式为围栏式养殖或放牧式养殖两种；围栏式养殖需添置鸭舍于田块任意一角，按坐北朝南的方位建设，鸭舍大小按8～12只／米²计算，同时因地制宜，在田块周边设置围栏，围栏密度以刚放养的雏鸭不能通过为宜；放牧式养殖需放养在距离稻田1 000米以内，按8～12只／米²计算鸭舍大小，并配备水面供鸭嬉戏。

③周年饲养计划：第一批雏鸭于中稻育秧后3～5天内孵化出来或购买，中稻季秧苗移栽后3～7天，投放30日龄左右、个体重150～250克的雏鸭，每亩放90～100只，稻鸭的共生期为50～70天；第二批雏鸭于中稻齐穗前15天左右孵化出来或购买，投放20日龄左右、个体重150～200克的雏鸭，每亩放90～100只，稻鸭的共生期为30～40天。

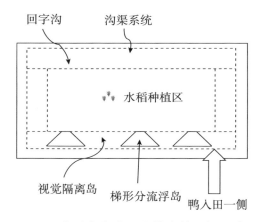

图29　中稻高密度共生技术的田间设施

　　三是田间管理。与双季稻鸭围栏共生技术基本一致。

　　四是收获。与双季稻鸭围栏共生技术基本一致。

　　五是饲养过程需解决的问题。除与双季稻鸭围栏、放牧共生技术需注意的问题相同外，还需注意：①该稻鸭共生技术的养鸭密度较大，比稻鸭围栏、放牧共生技术的养鸭密度高1～3倍，应加强对鸭的疾病预防，按时、分阶段对鸭做好疫苗注射，以及鸭舍、喂食台、器具的消毒工作。②该技术共投放了两批雏鸭，且有较严格的投放时期，因此，第二批雏鸭的孵化及购进时间，应配合中稻的生长发育进程。

（三）再生稻稻鸭共生模式

1.再生稻生产的特点

（1）再生稻的光温水资源。以湖南省稻区为例，再生稻适宜在全省种植，尤其适宜在温光条件种两季不足、一季有余的中稻地区种植最为适宜。因此，以湖南中稻的温光水资源变化上限区域种植都能很好地满足再生稻生产。一般在3月中下旬播种，10月中下旬成熟。期间（3月21日～10月30日），再生稻种植区要求≥10℃活动积温在4 100℃左右，因此，中稻种植区湘西的活动积温上限为4 081℃；湘北为4 141℃；湘中为4 169℃；湘南为4 260℃。全生育期降水量平均为819毫米。湘西平均为857毫米，湘北平均为832毫米，湘中平均为789毫米，湘南平均为803毫米。全生育期日照时数平均为908小时。湘西平均为846小时，湘北平均为941小时，湘中平均为932小时，湘南平均为921小时。湖南中稻生产时期一般为4月中下旬至9月中下旬，加上10月的活动积温、降水量和日照时数，完全能满足再生稻种植对温光水资源的需求。

（2）规模化再生稻的熟期选择。分析规模化再生稻的气候生态适应性，应注意再生稻头季齐穗灌浆期高温、再生稻再生季抽穗低温，以湖南省为例说明。

再生稻头季齐穗灌浆期高温时间。湖南再生稻的抽穗灌浆成熟期一般在7月至8月上旬。高温天气不利再生稻头季稻谷的结实灌浆，容易造成灌浆期缩短，籽粒不饱满，千粒重下降，秕粒率增加，不利于再生稻头季后期生长发育。湖南再生稻抽穗灌浆成熟期高温日数全省平均为10.5天。湘北为5.5（岳阳）～12.5天（平江），平均为8.4天；湘中为8.4（冷水江）～15.5天（醴陵），平均为11.9天；湘南为5.7（临武）～16.0天（安仁），平均为11.0天。

再生稻再生季抽穗安全期安排。"寒露风"是影响湖南再生稻再生季抽穗扬花的主要气象灾害之一，为保证再生稻再生季抽穗安全，降低抽穗期遇到低温冷害的风险，湘北、湘中、湘南针对杂交稻、常规稻耐寒性特点，合理安排再生稻再生季安全抽穗期。湘北晚稻抽穗期安排在9月20日前，湘中安排在9月23日前，湘南安排在9月26日前。

2.再生稻高产栽培技术

（1）再生稻的种植地点选择。宜安排在海拔300米以下的区域，特别是双改单、双季稻区域。温光条件能保证再生季安全齐穗。要求灌溉水源充足，灌、排方便，不宜安排在低洼区域、干旱区域，完善的灌溉设施和灌溉水能保证再生季萌发。

（2）再生稻品种选择。在种植区域能保证头季正常结实和收获、再生季安全出苗和安全齐穗，具体表现如下。一是生育期适宜，确保再生季安全齐穗。选择品种应确保头季稻在8月15日以前收获，以保证再生季在9月15日前安全齐穗。如3月30日播种，8月15日前收获，头季稻全生育期应在135天左右。二是耐高温，能较好的耐受7月中下旬可能出现的＞35℃的高温危害，结实率能保持稳定，下降幅度小。三是抗倒伏。四是再生力强，出苗多、出苗快、出苗整齐。五是抗病虫害，尤其是稻瘟病、纹枯病抗性。六是再生稻头季和再生季产量高。

（3）再生稻的种植方式选择。再生稻种植方式比较多样，可以选择机插秧、机直播方式种植，水稻的根系入土较深、抗倒伏力强，而人工撒播、机械喷播等种植方式需加强后期田间管理，通过水肥调控增强其抗倒伏能力。

（4）确定再生稻的生育期与播种期。再生稻再生季后期低温决定再生稻有无收成，前期低温影响头季苗数：播种宜早不宜迟，但不宜过早。生育期和播种期可参考种植区域最早播种期。以双季稻种植区域为例，可以在3月中下旬进行播种，8月上中旬收获头季，保证9月中旬能安全齐穗。如品种为籼粳杂交稻，其耐寒性较籼稻强，再生稻再生季安全齐穗期可以适当延迟到9月下旬。因此，中稻再生稻必须与早稻同期播种。移栽、抛秧在3月20日～4月5日前播种，设施育秧在3月15日后播种，直播在4月8

日～15日播种。

（5）头季稻水分管理。应与稻鸭共生技术对水分管理的要求一致。机收再生稻必须做好干田工作，以利于收割机减损收获，增强根系活力。

第一次晒田控苗：做到"苗够不等时，时到不等苗"，及时清沟排水烤田，烤到"脚踩不粘泥"，达到标准后复水3～5天，继续再搁田到幼穗分化（6月10日前后晒好田）。第二次收获前7～10天搁田：在齐穗后15～20天，结合灌浅水施促芽肥，然后让其自然落干搁田养根，做到干田收割，直到割后1～3天复水。全生育期：浅水活棵，薄露促蘖，晒田控苗，湿润长穗，寸水开花，干湿壮籽。

在整个水稻生长期间，除水分敏感期和用药施肥时采用间歇浅水灌溉外，一般以无水层或湿润灌溉为主，使土壤处于富氧状态，促进根系生长，增强根系活力。

（6）施肥制度。按中稻生产进行施肥，确定适宜的目标产量：600～650千克／亩，施用纯氮11～13千克／亩（氮肥敏感品种）或13～15千克／亩（抗倒品种）。按产量500千克／亩除以50为基数，每增加100千克／亩稻谷产量，加施1.8千克／亩纯氮量。因此，650千克／亩的目标产量，需要施用纯氮12～13千克／亩。氮肥按七分基蘖肥、三分穗粒肥分配，即基肥：蘖肥：穗肥＝5:2:3或4:(2+1):3施用。氮肥磷肥钾肥按1：0.5：1配施。同时，施用硅肥防倒伏。

以Y两优9918的施肥制度为例，大田底肥每亩施氮磷钾复混肥料35～50千克（高肥田35千克，中、低肥田50千克）。分蘖肥：移栽后5～7天，结合施用除草剂、每亩追施尿素10～12.5千克、加25%高纯硫酸锌200克、硅肥5千克均匀撒施。穗肥：晒田复水后，每亩追施5千克尿素加10千克钾肥或8千克复合肥加10千克钾肥。

除基肥、分蘖肥、穗粒肥以外，头季加施促芽肥：头季稻收割前10天左右（齐穗后15～20天），每亩施尿素7.5～10千克、氯化钾3～5千克，促进再生芽萌发。促芽肥不可过早施用，早施可能造成头季稻贪青晚熟。再生季补施发苗肥：头季收后2～3天内，结合复水看苗补施发苗肥，每亩施尿素5～15千克提苗，苗好则少施，苗差则多施。

（7）病虫害防治。重点抓好二化螟、稻纵卷叶螟和稻飞虱，烤田复水后的纹枯病，及秧田期、分蘖盛期、破口期稻瘟病的药剂防治。再生稻后茬抽穗不整齐，抽穗时期长，易受三化螟和二化螟危害形成白穗，应在始穗期和抽穗盛期分别防治一次。

（8）再生稻头季收获时期。在九黄十黄时抢晴收割或见芽收获。做到青秆、活秆收割，保证再生能力（图30）。收割机收获时，稻田要求较干，能承载收割机。收割机收获时，尽量减少碾压稻桩。

图30　再生稻头季青秆收获

（9）留茬高度。最佳留茬高度应根据收割时期而定，8月10日前收割的以攻高产为主，留茬高度在20～25厘米，割除倒2节，利用倒3～4节腋芽发育成穗。8月10日后收割的以稳产为主，留茬高度35～40厘米，保留倒2节及完整腋芽，促使早抽穗，确保安全齐穗。

以湖南省种植再生稻为例，一般留茬高度30厘米左右。头季收割在8月10～15日、再生季节紧张的湘北、湘西地区，应留茬30～35厘米；超过8月20日以后收获的，湘北留茬高度应保留45厘米以上。若头季收割在8月5日以前、再生季节充裕时，留茬高度可降低至20～25厘米，湘南可降低至10～15厘米。

（10）再生稻再生季管理要点。一是水分管理。要求湿润发苗，浅水长苗，水层养穗，干干湿湿到成熟。及时灌溉发苗水：灌浅水或跑马水。头季收后1～3天浅灌，既要防旱，又要避免水淹烂蔸，水深不过寸，然后让其自然落干。确保有水孕穗、扬花。二是发苗肥。收后2～3天内，结合灌浅水看品种、看苗补施发苗肥，亩施尿素5～15千克促苗长穗，苗好则少施，苗差则多施。三是叶面肥。头季稻收割当日喷施，促进腋芽早生快发；始穗或齐穗时喷施，促进再生稻穗齐结实。四是再生稻一般不需防病治虫，但要注意稻飞虱、稻瘟病的发生以及鼠雀为害。五是再生稻完熟收割。再生稻上、下位芽分化时间不同步，生育期长短不一，抽穗成熟期较长，应全田成熟后再收割（图31）。

图31　再生稻再生季生长情况

3.共生技术

（1）核心技术。该模式有两种方式：一种是中稻加再生稻与两批鸭共生，即中稻–再生稻双批鸭模式；另一种是中稻加再生稻与一批鸭共生，即中稻－再生稻单鸭模式。核心技术的采用必须与两种方式配套，因模式制宜。

中稻－再生稻双批鸭模式：第一批鸭4月中旬孵出幼鸭，选雄鸭培育。先圈养和在冬季作物田中围栏放养，5月上中旬放鸭下田。尽早移栽中稻，适当增补玉米等无公害饲料，6月底收回上市。第二批鸭以雌鸭为主，7月下旬下田，适当增补蛋白质类无公害饲料，尽量提早产蛋期，适当推迟上市。

中稻－再生稻单鸭模式：4月中旬孵出幼鸭，选雌鸭培育。先圈养，适当增补蛋白质类无公害饲料。中稻收获期前后15天禁止鸭子下田（赶回家圈养），尽量提早入田的时期，尽量提早产蛋时期，尽量推迟上市（春节前后）。

（2）再生稻大小鸭共生技术。以稻田养殖野鸭为例，稻田养鸭种养技术要点：

一是稻田整理。稻田的基本耕作与双季稻鸭围栏、放牧共生技术基本一致；构建稻田沟系，即稻田分为：稻作区、鸭栏区和饲料隔离岛。其中，稻田沟系为一字沟，且在田边内侧形成环沟；优选一字沟宽0.8～1.0米，深0.3～0.5米。稻作区将田块分为两部分，一部分为移栽区，另一部分为直播区或抛秧区；移栽区与直播区或抛秧区呈块状间隔排列。移栽区与直播区或抛秧区的面积之比为1:（3～5）；移栽密度中稻为20厘米×23.3厘米，直播的用种量为3.5～4千克／亩，抛秧的抛秧盘数为100～150

盘/亩。

二是基本设施。在鸭栏区内设置鸭笼，设有位于内侧的小鸭室和位于进口侧的大鸭室，大鸭室的进口兼作出口；小鸭室与大鸭室之间设有栅栏，该栅栏的间隙小于大鸭的通过尺寸而大于小鸭的通过尺寸；鸭的侧壁和顶壁为板状结构。饲料隔离岛包括两种饲料区：有栅栏饲料区和无栅栏饲料区，栅栏的间隙以大鸭不能通过为宜。

三是养殖技术。①雏鸭投放方式和批次。第一批雏鸭、第二批雏鸭、第三批雏鸭的投放密度均为20～40只/亩，投放时均为20～25日龄、个体重150～250克。再生稻移栽后3～7天投放第一批雏鸭，于再生稻头季齐穗后3～7天投放第二批雏鸭，同时回收第一批雏鸭；于再生稻再生季齐穗后3～7天投放第三批雏鸭，同时回收第二批雏鸭。②雏鸭的养殖方式为围栏式养殖或放牧式养殖两种；围栏式养殖添置鸭舍于田块任意一角，按坐北朝南的方位建设，鸭舍大小按8～12只/米^{2}计算，同时因地制宜，在田块周边设置围栏，围栏密度以刚放养的雏鸭不能通过为宜；放牧式养殖需放养在距离稻田1 000米以内，按8～12只/米^{2}计算鸭舍大小，并配备水面供鸭嬉戏。

四是田间管理。与双季稻鸭围栏共生技术基本一致。

五是收获。与双季稻鸭围栏共生技术基本一致。

六是饲养过程需解决的问题。除与双季稻鸭围栏、放牧共生技术需注意的问题相同外，还需注意：①该稻鸭共生技术全年都在购进雏鸭，同时又有不同日龄的鸭子，对于不同日龄的鸭子要分别管理，对具备上市规格的成品鸭要及时上市，对不具备上市规格的肉鸭要单独进行围栏养殖，对于蛋鸭，在水稻齐穗灌浆期也应进行围栏养殖。②该技术共投放了三批雏鸭，且有较严格的投放时期，因此，第二批、第三批雏鸭的孵化或购进时间，应配合中稻的生长发育进程。

（3）再生稻高密度共生技术。以稻田养殖绿头野鸭为例，稻田养鸭种养技术要点：

一是稻田整理和基本设施。①稻田的基本耕作与双季稻鸭围栏、放牧共生技术基本一致。②设置稻田沟系，稻田沟系沟宽0.8～1.0米，深1.0～1.8米，沟系形状有回字沟、一字沟或十字沟。回字沟为沿田埂内侧开挖口形沟，田边内侧形成4条环沟，稻田中间仍保持原状，所形成的平面在田面包括四条一字沟，其中一条深1.2～1.8米，其余三条深1.0～1.5米。③稻田沟系内设置分流浮岛和视觉隔离岛，其中分流浮岛为梯形分流浮岛，包括一个梯形平面架。梯形平面架内放水生植物凤眼蓝（水葫芦）；梯形平面架的两条平行的边长分别为2.8～3米和0.8～1米；梯形平面架的高度0.5～0.8米，平放在水面。分流浮岛的投放位置为鸭苗入田的一边，相邻两个分流浮岛的设置间隔为3～5米。视觉隔离岛为每隔3～5米种植植物，每组植物呈三角种植，每条边长

30～60厘米；可选择茭白等挺水型水生植物种植。

二是养殖技术。①雏鸭选择：选择生命力、适应力、抗逆性均较强的中小型优良鸭品种，推荐采用绿头野鸭，使鸭在稻田中能自由穿行觅食。②养殖方式为围栏式养殖或放牧式养殖两种；围栏式养殖需添置鸭舍于田块任意一角，按坐北朝南的方位建设，鸭舍大小按8～12只／米²计算，同时因地制宜，在田块周边设置围栏，围栏密度以刚放养的雏鸭不能通过为宜；放牧式养殖需放养在距离稻田1 000米以内，按8～12只／米²计算鸭舍大小，并配备水面供鸭嬉戏。③周年饲养计划：第一批雏鸭于再生稻育秧后3～5天内孵化出来或购买，再生稻秧苗移栽后3～7天，投放30日龄左右、个体重150～250克的雏鸭，每亩放90～100只，稻鸭的共生期为50～70天；第二批雏鸭于再生稻头季齐穗前15天左右孵化出来或购买，投放20日龄左右、个体重150～200克的雏鸭，每亩放90～100只，稻鸭的共生期为30～40天，同时回收第一批鸭；第三批雏鸭于再生稻再生季齐穗前15天左右孵化出来或购买，投放20日龄左右、个体重150～200克的雏鸭，每亩放90～100只，稻鸭的共生期为30～40天，同时回收第二批鸭。

三是田间管理。与双季稻鸭围栏、放牧共生技术基本一致。

四是收获。与双季稻鸭围栏、放牧共生技术基本一致。

五是饲养过程需解决的问题。除与双季稻鸭围栏、放牧共生技术需注意的问题相同外，还需注意：①该稻鸭共生技术的养鸭密度较大，比稻鸭围栏、放牧共生技术的养鸭密度高1～3倍，应加强对鸭的疾病预防，按时、分阶段对鸭做好疫苗注射，以及鸭舍、喂食台、器具的消毒工作。②该技术共投放了三批雏鸭，且有较严格的投放时期，因此，第二、三批雏鸭的孵化及购进时间，应配合再生稻的生长发育进程。

（四）鸭病防治

稻鸭共生技术中鸭子很少发病，主要原因是稻田水质清，病原菌少；利用田埂、围栏天然隔离，病菌不易传播；摄食天然饲料多，鸭群体质健壮，抗病力强。但因露宿于稻田中，环境较为潮湿，且田水浅，夏季温度高，如果管理不善或预防不及时，也可能造成鸭病的发生。

鸭病的防治应从提高鸭的抗病力着手，结合预防、检查、治疗等综合措施。基本原则是"预防为主，防治结合，防重于治"。综合防疫措施又分为平时的预防措施和发生疫病时的扑灭措施两个方面。

1.鸭的常见疾病

（1）鸭瘟。鸭瘟又叫鸭病毒性肠炎。该病是一种病毒性、急性、高度致死性的传染病。自然条件下，该病主要感染鸭，各种日龄、性别和品种的鸭都有易感性。此病是通过病禽与易感禽接触而直接传染，也可通过与污染环境的接触而间接传染。一年四季均可发生。健康鸭感染鸭瘟后，一般经2～5天的潜伏期后就会出现食欲减退、羽毛松乱、不愿下水、步态不稳、两脚发软、倒地不起等现象。病鸭体温可高达42～44℃，流泪，腹泻，稀粪呈绿色或灰白色，肛门附近的羽毛被污染或结块。鸭瘟病变特点为全身性急性败血症，如全身的浆膜、黏膜和内脏器官，都不同程度地出现出血斑点或坏死。皮下组织有不同程度的胶样浸润，尤其切开"大头瘟"病例肿胀的皮肤后，立即流出淡黄色透明的液体。口腔舌下部、咽喉周围有坏死假膜覆盖，剥离后可见出血点和溃疡病灶。

（2）鸭病毒性肝炎。鸭病毒性肝炎是一种传播迅速和高度致死的雏鸭传染病。该病仅发生在5～10日龄的雏鸭中，主要通过消化道传染。表现为精神萎靡，眼睛半闭，打瞌睡，不能随群走动，不久停止活动，出现神经症状，运动失调，最后呈角弓反张姿态而死亡。病变表现为肝脏肿大，表面有出血斑点，常见有略带红色的变色区或呈斑驳状。

（3）霍乱。鸭霍乱又名鸭巴氏杆菌病或鸭出血性败血症。该病是一种引起鸭大量发病和死亡的接触性、急性、败血性传染病。该病的流行无明显的季节性，但以夏末秋初、气候多变的冬季及早春时发病较多，潮湿地区易于发病。该病经消化道传染，病鸭、带菌鸭以及其他病禽的分泌物和排泄物，可污染饲料、饮水、用具及场地等，因而稻田养鸭易患此病。鸭霍乱的主要症状分最急性、急性和慢性三类。

最急性的一类往往见不到明显症状，多在吃食时或吃食后突然抽筋、倒地死亡或突然死于田边和路边。

急性型最为多见。病鸭常表现精神呆钝，独蹲一隅，食欲减少或废绝，口渴；食道胃状膨大部内积食或积液，口和鼻流出黏液，呼吸困难；为试图排出积在喉头的黏液，病鸭常摇头，故该病有"摇头瘟"之称；还有些病鸭两脚瘫痪，不能行走，常在 1 ～ 3 天内死亡。

慢性型常见于疾病的流行后期，多为急性型转变而来。病鸭表现为一侧或两侧的关节肿胀，局部发热、疼痛，行走困难，跛行或完全不能行走，常见关节腔内蓄积混浊或灰黄色黏液。

（4）鸭传染性浆膜炎。鸭传染性浆膜炎又叫鸭疫巴氏杆菌病。该病主要发生在 2 ～ 3 周龄小鸭中，1 ～ 8 周龄鸭易感，1 周龄内雏鸭很少发生。该病一年四季均可发生，冬春两季较多。主要是通过呼吸道或经皮肤伤口感染，如鸭脚蹼擦伤亦可感染。

最急性病例会突然死亡，无明显症状。

急性病例主要临床表现为嗜睡、缩颈或嘴抵地面，步态蹒跚，少食，眼有浆液或黏性分泌物。部分病鸭腹膨胀、有积水，死前出现神经症状，抽搐死亡，病程 1 ～ 3 天。

慢性病例主要表现为沉郁，困倦，少食或不食，腿软弱不愿行走，停息时多呈犬坐姿势；共济失调，痉挛性点头或摇头摆尾，前仰后翻；少数病鸭出现歪头斜颈；亦有少数病鸭表现为呼吸困难，张口呼吸，最终消瘦死亡。病理变化为浆膜表面有纤维素性渗出物，主要在心包膜、肝表面和气囊等部位。

（5）鸭绦虫病。鸭有多种绦虫，如矛形剑带绦虫、膜壳绦虫、片形皱缘绦虫和假头绦虫等，长度从几厘米至50厘米，用头节带有小钩的吸盘吸钩在肠壁黏膜上，吸取营养，导致鸭营养不良，发育受阻。有的引起鸭腹泻、食欲减退而消瘦。鸭粪便淡绿色，有绦虫节片。绦虫对2月龄鸭危害最大。绦虫节片随粪排出体外，有的落入水中，被剑水蚤等中间寄主吞食，发育成似囊尾蚴，当鸭吃了含有似囊尾蚴的中间寄主，在肠内形成绦虫，从而危害其健康。

（6）鸭吸虫病。主要有棘口吸虫病和后睾吸虫病两种。

前者是因鸭吞食了有囊尾蚴寄生的第二中间寄主后，囊尾蚴进入鸭体发育为成虫，寄生于鸭体的肠道而引起的疾病。病鸭表现为食欲减退、消瘦、贫血、生长停滞，幼鸭发病较为严重。

后者是由后睾吸虫科的吸虫寄生在鸭的胆管和胆囊中引起的疾病，对鸭危害较重。主要症状为少食、消瘦、贫血、精神沉郁、不愿行走，最后衰竭死亡。剖检时可见病鸭肝脏肿大，胆囊壁增厚，胆汁浓稠而少。

（7）鸭球虫病。鸭球虫病是一种危害严重的鸭寄生虫病，国外报道其死亡率可达80% ～ 100%，且耐过的病鸭生长发育受阻，增重缓慢。发病原因为鸭吞食或接触了病鸭或带虫鸭粪便污染的饲料、饮水、土壤或用具等，鸭球虫卵囊进入鸭体后寄生于小肠而造成感染。临床症状为精神委顿、缩脖、不食、喜卧等。病初拉稀便，随后排血便，多数于第四天或第五天死亡，第六天以后，耐过的病鸭逐渐恢复食欲，但发育受阻，增重缓慢。慢性球虫病病鸭症状不明显，偶尔见有拉稀便的鸭子，往往成为球虫的携带者和传染源。

（8）农药中毒。导致鸭中毒的农药主要有有机磷农药、有机氯杀虫剂、五氯酚钠灭螺药和磷化锌灭鼠药等。病因是鸭误食了喷施过农药的饲料生物。主要症状为病鸭不食，腹泻，流泪，流涎，肌肉震颤和无力，运动失调，站立不稳，呼吸急促，体温下降，倒地抽搐，窒息死亡。剖检时可见胃肠黏膜炎症，黏膜脱落，消化道出血、溃疡，胃内容物有刺鼻的大蒜味，肝、肾肿大，胆囊肿大更为明显。血液不凝，尸僵不全。

（9）肉毒梭菌毒素中毒。肉毒梭菌毒素中毒是鸭吃了含肉毒梭菌毒素的食物后而引起的。在炎热的夏季最易发生。肉毒梭菌广泛分布于自然界，细菌本身不引起疾病，但在腐败的鱼、虾、昆虫、蛆等中会产生强大的毒素，如果鸭食入含毒素的腐败物质就会引起肉毒梭菌毒素中毒。病状为嗜睡，不愿行走，头下垂，颈伸直，头颈着地，软而无力，该病也称为"软颈病"。头颈羽毛容易拔除，翅、腿麻痹，不能站立，最后昏迷而死。

（10）药物中毒。鸭摄入较大剂量的喹乙醇或以呋喃唑酮等都会中毒。

喹乙醇中毒病鸭表现为精神沉郁，食欲减少，双翅下垂，行走摇摆，喜卧，严重时瘫痪，衰竭而死。特征性的症状是鸭嘴上喙出现水疱，疱液混浊，水疱破裂后，脱皮龟裂，喙上短下长；单侧或双侧眼失明。

呋喃唑酮中毒病鸭表现为兴奋不安，站立不稳，盲目奔走，全身震颤，惊厥鸣叫，口渴抢水喝；随后精神高度沉郁，食欲全无，吐出黄色液体，缩颈，垂头，临死时抽筋。病死鸭肝脏肿胀，肺淤血，小肠及大肠部分肠段充血、出血，整个肠管浆膜呈黄褐色。

2.鸭病防治措施

（1）加强饲养管理，增强鸭的抗病能力。培育健壮的鸭个体，增强鸭对病害的抵抗能力，这是鸭病防治的根本。养鸭过程中关键要重视雏鸭的饲养。因为许多传染病如小鸭病毒性肝炎、鸭霍乱等都可通过引进雏鸭或种鸭带入，故购鸭时一定要了解供鸭场的疫病发生情况，千万不要从发病场、发病群或有刚刚病愈鸭的鸭群引入。刚引入的雏鸭要先隔离饲养，不要混群，约2周以后、无任何传染病或寄生虫时，方可混群饲养。同时，要做好免疫接种工作，提高鸭对目标病害的抵抗力，这是预防和控制鸭传染性疾病的可靠而又经济的方法。

搞好环境卫生及消毒工作，也是防止疾病传播的重要措施。鸭舍及鸭场要经常保持清洁卫生。消毒工作要和清整环境同步进行，消毒范围包括鸭体表、鸭舍及其周围场地、食盆等器具、水坑及稻田等。消毒前要先进行机械性清除，如清扫、铲除、洗刷等，这是使用消毒剂前必需的基本工作。消毒方法可分以下几种：一是物理学消毒，是指利用阳光照射、干燥、火焰焚烧、煮沸等方法来杀灭病原微生物；二是生物学消毒，如将粪便、垃圾、垫草等物堆积发酵发热，来杀死无芽孢的细菌、寄生虫虫卵等；三是化学消毒，是指利用化学制剂破坏微生物的化学结构，损坏微生物正常代谢的物质基础，致使病原体死亡。化学消毒法使用较广泛，效果较好。消毒剂应根据不同的消毒对象有针对性地选用。可采用2%～5%来苏儿溶液、石灰水、氢氧化钠、草木灰、高锰酸钾及漂白粉等。具体使用方法如下：①来苏儿，5%的溶液可用于鸭舍、鸭场、器具、粪便等的消毒，2%的溶液可用于鸭体表消毒，使用来苏儿可杀死一般细菌及某些病毒。②生石灰，常配成10%～20%的生石灰水，趁热刷洗、喷洒，可用于地面、稻田、鸭舍及粪便的消毒。③氢氧化钠，常配成2%的溶液喷洒，对细菌、病毒都有很强的杀灭能力。④草木灰，15千克草木灰加水50升煮沸1小时，去渣，取浸出液洗刷、喷洒需要消毒的场所及用具。⑤高锰酸钾，可配成0.1%～0.5%的浓度，用于黏膜创面或饮水消毒。

⑥漂白粉，用粉剂或5%～20%的溶液消毒场地、水坑、粪便，用0.5%的溶液做食盆、水槽等用具表面消毒，用1 000毫升水加0.3～1.5克漂白粉做饮水消毒。⑦碘酊，配成2%的浓度，用于皮肤等的消毒。

除了做好防疫工作和环境、用具消毒以外，还需加强鸭的营养管理，除让鸭采食人工繁殖的田中生物饲料外，还要适时补饲。补饲的饲料配合要得当，营养要齐全，饲喂要及时，饮食要清洁。同时，要保持鸭舍内适宜的温度、湿度、光照和通风，地面要干燥，尽量减少不良因素的刺激。生长良好的鸭子可避免发生营养性疾病，也有利于充分发挥注射疫苗的免疫效力。

（2）鸭的卫生防疫程序。为保证鸭正常生长，不受大的病害侵袭，就要定期给鸭接种疫苗进行防疫。鸭的卫生防疫程序一般如下。

初生雏鸭：1日龄时皮下注射蛋黄匀浆，每只用量0.5～1.0毫升。可降低小鸭病毒性肝炎死亡率，具有制止疾病流行和预防发病的作用。蛋黄匀浆可自制。制作方法是：选取对肝炎病毒具有免疫力的母鸭新产的蛋，取其蛋黄搅拌成匀浆，用每毫升含青霉素1 600单位和链霉素2 000单位的灭菌生理盐水，取1个蛋黄匀浆稀释到250毫升，即可使用。1日龄雏鸭也可注射鸡胚化鸭瘟弱毒疫苗（北方地区可免注射），用生理盐水稀释50倍，每只雏鸭皮下或肌内注射0.1毫升。注射后3～5天产生免疫力，免疫期约1年。

2～3月龄鸭：注射禽霍乱731弱毒菌苗，对2月龄以上的鸭群，免疫期可达3个半月；注射禽霍乱氢氧化铝甲醛菌苗，免疫期3～6个月。由于霍乱菌苗保存期短，除注意菌苗保存条件及有效期外，要确保注射质量，尤其在当地有疫情时，要间隔10天左右连续注射2次。注射前可先用弱鸭进行试验，以备在大群注射治疗时适当加大菌苗用量，对出生时没有注射过鸭瘟疫苗的鸭，在3月龄时可注射鸭瘟弱毒疫苗，用灭菌蒸馏水稀释200倍，每只鸭肌内注射1毫升。

　　开产前一个月鸭（肉鸭120～130日龄，蛋鸭约100日龄）：连续2次（间隔10天左右）给每只母鸭皮下或肌内注射小鸭肝炎疫苗1～1.5毫升，可使母鸭产生抗体，并维持1～1.5年。每只鸭肌内注射禽霍乱氢氧化铝甲醛菌苗2毫升。母鸭接种后，抗体经卵传给雏鸭，使雏鸭获得母源抗体，可得到2～3周的保护，但2～3周后的雏鸭仍可发病。

　　3.主要鸭病防治方法

　　（1）鸭瘟。该病无特效药物可供治疗。因鸭瘟属外源性疾病，故预防此病首先应避免从疫区引进鸭苗、种鸭及种蛋，有条件的地方最好自繁自养。其次不能到疫区去放牧鸭群。对已发生鸭瘟的鸭群，可立即采取紧急注射鸭瘟疫苗。注射时先给表面假定健康的鸭注射，而后再给有症状的鸭注射，要做到1鸭1针。病死鸭应集中以高温处理或深埋，对污染的场地及用具用10%石灰水、2%氢氧化钠或其他消毒液彻底消毒，防止病原散播。

（2）鸭病毒性肝炎。自繁自养，彻底消毒是预防该病的积极措施，但要大幅度降低发病率和死亡率，还必须依靠接种疫苗。该病耐过鸭能产生免疫力，血清中有中和抗体，可采用在母鸭开产前1个月，给种鸭注射鸭肝炎疫苗。种鸭免疫后可保证后代得到较高水平的免疫抗体。种鸭未经免疫，雏鸭无母源抗体，可在雏鸭1～3日龄时经皮下或肌内注射0.5～1毫升鸭肝炎弱毒疫苗（稀释后剂量）或卵黄抗体进行被动免疫。另外，对正在发病的雏鸭，可注射高免血清或康复鸭血清，每只皮下注射0.5毫升；若用高免蛋黄匀浆，则每只鸭皮下注射1毫升，可降低死亡率，制止病害的流行。

（3）鸭霍乱。防治该病除加强饲养管理和注射鸭霍乱菌苗外，可进行药物治疗。药物治疗主要是使用磺胺类药物，如磺胺嘧啶、磺胺二甲嘧啶、磺胺异噁唑、磺胺甲基嘧啶，按0.4%～0.5%混于饲料中喂服。或用其他钠盐，按0.1%～0.2%溶于饮水中，连服3～5天。磺胺二甲氧嘧啶按0.05%～0.1%混于饲料中喂服，复方新诺明按0.02%混于饲料中喂服均有良好的防治效果。但在鸭产蛋期要慎用磺胺类药物，用后对产蛋量有明显影响，如连续喂服3～5天，产蛋率将下降40%左右。因此，产蛋鸭可用抗生素药物，如土霉素按0.05%～0.1%混于饲料或饮水中喂服，连续用3～5天，可获得良好疗效。鸭群数量少时，可逐只注射青霉素防治，每只每天注射

2 000 ～ 5 000单位，分1次或3次注射。必要时，也可采用喹乙醇治疗，按每千克鸭体重30毫克（鸡、鸭对本品较敏感，每千克体重口服50毫克，鸡会死亡，故一般家禽禁用）的剂量拌于饲料中喂服，每天1次，连用3 ～ 5天即可获得良好的疗效。

（4）鸭传染性浆膜炎。预防该病主要通过3个途径。第一，要改善育雏室的卫生条件，保证通风、干燥、保温、清洁。第二，进行药物防治。目前可采用土霉素进行防治。在发病前用低剂量的氯霉素拌料饲喂，有一定的预防作用。治疗该病，可用0.05%的氯霉素拌料饲喂，连喂服3 ～ 5天，能减少发病和死亡率。第三，即最有效的措施是免疫注射，可用甲醛灭活苗、氢氧化铝胶灭活苗、油乳佐剂苗、弱毒菌等。甲醛灭活苗经皮下注射1周龄雏鸭，可获得86.7%的保护率；氢氧化铝胶灭活苗皮下注射1周龄雏鸭，剂量为1毫升，也可保护鸭度过最易感病的3 ～ 4周龄；油乳佐剂苗经皮下注射8日龄雏鸭，剂量为1毫升，在免疫后1 ～ 2周内保护率可达100%。此外，还可用鸭疫巴氏杆菌和大肠杆菌苗进行注射。

（5）鸭寄生虫病。寄生虫对鸭体有一定危害，田间养鸭驱虫很有必要。驱虫最有效的方法是用槟榔煎水内服，剂量按每千克鸭体重用槟榔1.5克，加清水10倍，煎至原剂水量的1/3，用胶管灌入鸭食道内。喂后注意观察，半小时后如发现鸭流涎、麻痹或呼吸急促，则为药量过大，应立刻给鸭注射0.2毫升0.05%阿托品解毒。喂药后将鸭关起来，2小时后虫体就会被大量排出，清扫粪便集中虫体烧毁。也可用吡喹酮治疗，每千克鸭体重口服10～30毫克。若用硫双二氯酚，每千克鸭体重口服200毫克。

（6）鸭中毒。若为农药中毒，可用0.05%阿托品注射液进行皮下注射，每次0.2～0.5毫升。解磷定，每千克鸭体重10～20毫克，用生理盐水或葡萄糖水稀释后，静脉或肌肉注射。防治肉毒梭菌毒素中毒的措施为：避免鸭群接触腐败食物，放牧地如有腐败鱼类或其他动物尸体，要及时清除和进行消毒处理；变质饲料不能饲喂。治疗肉毒梭菌毒素中毒可用肉毒梭菌C型抗毒素，每只鸭注射2～4毫升，常可奏效，其他抗菌药物无效。药物中毒往往是因用药时间过长，剂量太大所致。当发现有中毒症状时，应马上停止服药，同时喂服1%～5%苏打水，并给鸭供应清水，让鸭自由饮用，可缓解症状。中毒严重者可肌内注射维生素C 100毫克／毫升和B族维生素5毫克／毫升混合液，每只鸭0.5毫升，每日1次。

四、规模化稻鸭共生景观设计

　　稻田作为一种人工湿地，具有粮食生产、蓄水防洪、涵养水源、调节气温、净化水质、水土保持、保护生物多样性等生态服务功能。稻田是作物生产的主要依托，是粮油作物生产阵地，特别是南方稻田作物多熟制地区，复种指数高，光温水资源丰富，为国家粮油生产提供了重要支撑。随着休闲农业和乡村旅游的发展，稻田作为第一产业的主阵地以外，稻田景观服务功能越来越强大。特别是一些旅游景区充分利用稻田做文章，开发稻田文化功能、乡土民俗、游客体验等特色项目，实现稻田景观、人文景观与自然景观融为一体，使游客既赏心悦目，又获得一定的文化知识；既能身临其境，流连忘返，陶醉其中，又能在乐趣中感受文化的作用。稻鸭景观的设计更能体现共生互促的生态理念，动静相宜的和谐气氛，加之这种设计容易实现，受到种粮大户的喜爱。

（一）田块设施规划

　　稻鸭共生景观一般结合休闲农业与乡村旅游来打

造，为自然景观、人文景观增加特色，是主体景观的重要补充。当然如果以稻鸭为主体的休闲农业景观，必须围绕稻鸭做足文章，包括稻种的季节搭配、稻叶颜色、稻色组成的图案、稻的株型等，鸭的品种、颜色、大小以及鸭的造型等方面打造景观。一般来说，规模化稻鸭共生是以种养大户为主体来做，主要服务第一产业，第三产业只是其辅助功能。稻鸭共生田块一般要求要有水源，比如有河流、山塘、水库、小溪等能够供水的稻田区域。地形地貌可以是平湖区，也可以是山区或丘陵区，当然要成片有一定规模。规模化稻鸭共生模式一般以50亩稻田、300～500只鸭为一个单元来设计，田块总面积至少要在50亩以上成片区域。最佳的景观是丘陵区稻田有三、四级缓坡梯田，稻田田块呈不规则的多边形，2亩左右大小，经常看到鸭子在田中、田埂或主道游走戏憩，鸭叫声此起彼伏。平湖区稻田一般田块面积大，一丘10亩左右，100亩左右的稻田区域要有一口水塘供鸭子戏水，保持鸭毛洁净（图32）。

图32　稻田四周宽阔的水面

（二）种植模式设计

1.不同农业经营主体规模不同

新型农业经营体系主要由家庭农场、专业大户、农业企业、合作社构成。我国在《中华人民共和国农民专业合作社法》中对农民专业合作社进行了简要的定义，包括两个方面的内容：一方面，从概念上规定合作社的定义，即"农民专业合作社是在农村家庭承包经营基础上，同类农产品的生产经营者或者同类农业生产经营服务的提供者、利用者，自愿联合、民主管理的互助性经济组织"；另一方面，从服务对象上规定了合作社的定义，即"农民专业合作社以其成员为主要服务对象，提供农业生产资料的购买，农产品的销售、加工、运输、贮藏以及与农业生产经营有关的技术、信息等服务"。所以专业合作社的经营规模可以很大，大的上万亩，小的也有2 000亩以上。

（1）种粮大户。种粮大户指同时具备以下条件的自然人、法人、专业合作组织或其他组织。具体条件以当地政策规定为准，一般要满足：一是相对集中成片承包耕地或租种耕地50亩以上，种植一季主要粮食作物，包括水稻、玉米、小麦、马铃薯、红苕、大豆、蚕豆、高粱，粮食作物之间间套种的不重复计算补贴面积；二是按基本种植技术要求规范耕种，不得粗放种植；三是统一生产经营管理，包括统一耕作土地、统一购买农资、统一病虫害防治、统一销售产品；四是独立承担风险、自负盈亏，独自享有产品处置权。种粮大户规模也有大有小，大的几千亩，小的几十亩，都算是种粮大户。

（2）家庭农场。2017年相关文件规定，家庭农场必须以家庭劳动力为主，可以有短期雇工；家庭农场以农业收入为主，农业收入应占家庭总收入的60%以上，年总收入在10万元以上。而且家庭农场产业宜精不宜多，只有经营1～2种产业，经营者才有精力和时间学懂学精相关技术，提高产量和质量，从而提高土地生产力。粮油作物种植家庭农场要求经营流转期限5年以上并集中连片的土地面积达50亩以上。综合性农场应含种植业、畜禽业、水产业、林业、烟叶类型中的两种以上，旅游、特色种养、休闲观光为一体的综合性农场要求面积10亩以上，餐饮住宿设施齐全。

2.规模经营主体必须合理安排种植模式

在南方稻区的种植制度中，稻田作物多熟种植模式主要有：中稻—油菜、早稻—再生稻—油菜、早稻—晚稻—油菜、早稻—晚稻—冬闲、早稻—晚稻—绿肥。家庭农场的生产经营中，如何合理组配种植模式，实现劳动力资源和农业机械设备设施的合理利用和生产效益最大化，是目前南方稻区稻油多熟种植类家庭农场急需解决的现实问题。

适度规模和集中连片是规模经营的前提和基础。

在当今农村大量青壮年劳动力外出务工或经商的背景下，农村临时季节性雇工受到很大限制。同时合理的种植制度设计有利于农机的有效利用，提高使用效率。

据高志强等研究，家庭农场运行模式设计必须合理搭配种植模式，以实现均衡全年的劳动力安排和农业机械设备设施的均衡使用。图33所示的种植模式安排，基本可实现劳动力的均衡使用和农业机械的合理配备，既避免了同一种植模式造成的劳动力季节性供给不足，又延长了农业机械的使用时间，同时考虑了土地资源的用养结合和家庭劳动力资源的合理利用。

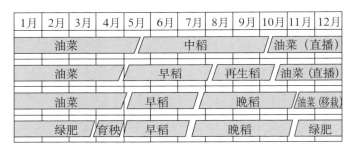

图33 基于劳动力均衡使用和农机均衡利用的
稻油多熟制搭配模式

（三）稻鸭规模必须合理匹配

从规模匹配分析，一般一亩稻田最大鸭子承载量为15只，考虑到鸭群的整体效应，可以按每亩稻田

8 ~ 10只鸭来配置鸭子数量。同时，按50 ~ 100亩一连片稻田为基本单位来放养鸭子，也就是说100亩连片稻田可以放养800 ~ 1 000只鸭子。

从放养时间分析，根据水稻生长进程和不损害稻谷产品为前提来确定鸭子下田时间和上岸时间。一般情况是，早稻播种后即要考虑选鸭苗，因为早稻前期温度低，鸭苗要喂养3 ~ 4周，打好疫苗，增强鸭子抵抗能力，个体长到0.15千克左右，禾苗移栽活蔸后（一般是7天左右），鸭子下田。中稻和晚稻鸭子一般在水稻播种后1周，考虑购买鸭苗，喂养3周左右，禾苗移栽后4天左右，鸭子下田。

种养大户一般要安排专人看管鸭子，驯化鸭子听从指挥，在连片稻田区域巡牧，避免鸭群聚集成堆破坏禾苗；同时适时添加饲养，促进鸭苗成长。也可是种粮大户与养鸭大户联合，养鸭大户按照种粮大户要求，培育鸭苗，赶鸭下田，轮流巡牧，适时上岸，互利互惠互赢（图34至图36）。

图34　规模化稻鸭生态种养

图35　"鸭部队"在工作中

图36　鸭在田埂上休息

（四）休闲小景布局

1.稻田游道

（1）道路。主道，一般按双向两车道设计，宽4米，也可以骑行观光自行车。支路，即机耕道，适于农机具行走，宽度2米左右。田埂，一般0.5米，适于游客和鸭子行走。景区内可以设计一些观景台，方便游客整体上欣赏田园风光，还可以在沿溪流、水塘边设计游客道，用于游客散步，移动观赏。总之，主道贯穿整个稻区，一般只设一条道；支路一般依田块农机操作的方便而设计，农机具可以到达任何一个田块进行田间操作；田埂一般不要硬化，就是自然的土路，可以在田埂上种植绿色防控植物，比如茭白、香根草、芝麻、秕壳草等。田埂上还可以种植栖境植物、诱集植物、储蓄植物、蜜源植物（图37至图39）。

图37　稻田劳作景观

图38　稻田游步道

图39　稻田游道景观

　　（2）栖境植物。栖境植物是昆虫生长繁育的必要场所，是目标作物之外的其他作物及非作物植物的统称，是生境调控的重要内容。稻田田埂留草为有益生物提供了食物、繁殖场所、越冬或夏眠场所，改善了天敌生存的微气候，在水稻收获或施药等农事操作干扰时为天敌提供了庇护所，有利于天敌种群的增长、维护稻田生态系统的平衡。

（3）诱集植物。诱集植物一般比目标作物对靶标害虫有更强的吸引作用，害虫被吸引后趋向诱集植物停留产卵或为害，从而减少了对目标作用的损害。香根草吸引二化螟、大螟产卵，但其后代在香根草上不能完成世代交替而死亡，对水稻螟虫起到诱杀的作用，有效降低了田间种群数量及其危害（图40）。

图40　诱集植物——香根草

（4）储蓄植物。储蓄植物也称载体植物、银行植物，是构成储蓄植物系统的三个基本要素之一。储蓄植物系统是一个天敌饲养和释放系统，是有意在作物系统中添加或建立的作物害虫防治系统。由储蓄植物、替代食物和有益生物三部分组成。替代食物一般是猎物或寄主，即储蓄植物的害虫，也可以是储蓄植物所产生的或人为添加的其他食物。如田边种植秕壳草、茭白等可以在非水稻生长季节保存寄生蜂和蜘蛛等有益昆虫（图41和图42）。

图41　储蓄植物——秕壳草

图42　储蓄植物——茭白

（5）蜜源植物。蜜源植物指那些能为天敌、特

别是寄生性天敌提供花粉、花蜜或花外蜜源的植物
种类，主要是指花粉、花蜜等自然蜜源丰富且能被天
敌获取的显花植物。水稻田边种植花期较长的芝麻
可以延长水稻害虫稻飞虱、稻纵卷叶螟、水稻螟虫
等害虫寄生蜂的寿命，提升其寄生能力和田间数量，
可以有效提高天敌控制害虫的能力，减少农药使用
（图43）。

图43　田埂上种植的蜜源植物——芝麻

（6）赤眼蜂。稻田常见的有稻螟赤眼蜂、螟黄
赤眼蜂、松毛虫赤眼蜂和玉米螟赤眼蜂四种，其中
稻螟赤眼蜂和螟黄赤眼蜂最为普遍，是危害水稻的
害虫，如二化螟、稻纵卷叶螟、大螟、稻螟蛉、稻
苞虫等鳞翅目害虫的卵期寄生蜂。赤眼蜂的应用已
经实现了工厂化繁殖蜂和商品化经营。在害虫的发生
高峰期，以蜂卡的形式在稻田中进行"淹没式"人
工释放，能有效降低水稻生长早期螟虫的种群基数
（图44）。

图44　赤眼蜂田间繁殖

（7）性诱剂。通过释放器释放性诱剂到田间来诱杀雄性害虫的成虫。该技术不接触植物和农产品，没有农药残留之忧，是现代农业生态防治害虫的首选方法之一。性诱剂具有专一性，对益虫、天敌不会造成危害。目前水稻害虫如二化螟和稻纵卷叶螟的性诱剂技术和产品已较为成熟，通过田间释放可诱杀成虫、干扰成虫交配，通过调节成虫行为有效降低下一代种群。应用性诱剂可以减少农药用量，降低成本，减轻农药残留，改善生态环境（图45）。

2.稻鸭文化走廊

在主道旁边，可以设计稻鸭农耕文化走廊，向游客宣传稻鸭农耕文化发展过程、稻鸭共生的生态学原理、稻鸭模式的绿色理念、稻田生态系统的多功能性、生物多样性的重要意义、绿色防控技术的原理与

图45　稻田释放二化螟性诱剂

作用、稻鸭产品的质量与品质、农产品的简介等方面的知识传播，体现稻鸭共生模式的传承与发展的重要性。表现手段主要通过图文呈现，以图为主，简单易懂，一目了然，既要增强可读性，又达到文化宣传的效果。

3.稻鸭小景

（1）戏鸭。为带儿童的家庭提供喂鸭、抓鸭的活动，可以为儿童提供雏鸭赠送、定购代养等方式，增强儿童对稻鸭共生模式的参与度（图46）。

（2）鸭蛋。可以用稻草制作鸭蛋造型，增强趣味性；可以提供各类鸭蛋供游客购买，作为特产返程带回。

（3）鸭造型。田中或者入口醒目处，用稻草制作大小鸭造型，特别是制作唐老鸭这类广为人知和深受人们喜爱的造型，以增强游客对稻鸭模式的认同感，增强景区对游客的吸引力。

图46　鸭群在稻丛中活动

（4）鸭舍。10亩或者连片稻田中用稻草制作鸭舍。鸭舍既是鸭群的休息场所，也是稻田一处景观。鸭舍既要简易，又要具有观赏性（图47）。

（5）稻草人。田中可以用稻草制作一些稻草人，特别是一个鸭群单位设立1～2个稻草牧鸭人，既可以起到模拟牧鸭的效果，又可以作为稻田的一处小景。当然稻草人制作要有艺术性（图48）。

图47 稻田中的鸭舍

图48 稻鸭园艺造型

（6）稻田图案。利用不同稻叶颜色组配成不同图案，增强趣味性和观赏性（图49至图51）。

图49　稻田图案小景——脚印

图50　稻田图案小景——求婚

图51　稻田图案小景——卡通鸭

（7）稻草造型。可以用稻草堆成圆锥体、圆柱体、球体等多种形状，还可以用稻草做成房屋或者乘凉场所等休憩处（图52）。

图52　稻草造型

五、优质稻鸭产品开发

据黄兴国等研究表明，普通条件下，养鸭与不养鸭对比，养鸭提高稻米品质。整精米率和蛋白质含量都得到了提高，氨基酸含量有所上升；而垩白率下降。因此，稻鸭共育有助于改善稻米品质。

同时，稻鸭生态种养对鸭胸肌中水分和蛋白质含量及pH无显著影响，但显著降低了胸肌的脂肪含量。这一变化可能是由于稻鸭生态种养条件下鸭活动量大，能量消耗多，肌内脂肪的沉积少。稻鸭生态种养还有提高鸭胸肌熟肉率的趋势，降低胸肌失水率，显著提高了胸肌的质量。

因此，从试验研究结果来看，稻鸭生态种养模式下，稻米和鸭产品的品质都能得到一定程度的改善。如果生产基地条件更加优越，可能更有利于提升鸭和稻米的质量。全国各地已有成功案例也告诉我们，稻鸭生态种养模式能够生产出高档优质的稻米和鸭产品。

（一）有机鸭稻米开发

有机米是指在栽种稻米的过程中，使用天然有机的栽种方式，完全采用自然农耕法，从选择品种到栽培的方法，困难程度都比一般米高出很多。有机大米是遵照国家有机农业生产标准种植生产与加工的。在生产中不采用基因工程获得的生物及其产物；不使用化学合成的农药、化肥、生长调节剂、饲料添加剂等物质；遵循自然规律和生态学原理，协调种植业和养殖业的平衡；采用一系列可持续发展的先进农业技术而获得的有机水稻。有机鸭稻米是目前世界上最高品位且有益于人体健康的优质大米（图53）。

图53　有机鸭稻米产品

有机大米与绿色大米的区别主要表现在：①有机大米在生产加工过程中绝对禁止使用农药、化肥、激素等人工合成物质，并且不允许使用基因工程技术，绿色大米则允许有限使用这些物质，并且不禁止使用基因工程技术。②有机大米在土地生产转型方面有严格规定，考虑到某些物质在环境中会残留相当一段时间，土地从生产其他食品到生产有机大米需要两到三年的转换期，而绿色大米则没有转换期的要求。③有机大米在数量上进行严格控制，要求定地块、定产量，生产其他大米没有如此严格的要求。④按照国际惯例，有机食品标志认证一次有效许可期为一年，一年期满后可申请"保证认证"，通过检查、审核合格后方可继续使用有机食品标志。⑤绿色大米、有机大米都注重生产过程的管理，绿色大米侧重对影响产品质量因素的控制，有机大米侧重对影响环境质量因素的控制。

1.生产基地要求

选址是关键。根据水稻生产基地的实际情况来决定能否发展有机水稻生产。当不具备条件时，不可能生产出有机稻米，可以考虑生产绿色或无公害优质稻米，同样可以提高产品价值。

有机水稻生产需要在适宜的环境条件下进行。有机水稻生产基地应远离城区、工矿区、交通主干线、工业污染源、生活垃圾场、并应有相对独立的灌溉水源等。

产地的环境质量应符合以下要求：①土壤环境质量符合GB 15618中的二级标准。②农田灌溉用水水质符合GB 5084的规定。③环境空气质量符合GB 3095中二级标准和GB 9137的规定。

2.产地要求

产地周边5千米以内无污染源，上年度和前茬作物均未施用化学合成物质；稻农技术好，自觉性高；土壤具有较好的保水保肥能力；土壤有机质含量2.5%以上，pH6.5～7.5；光照充足，旱涝保收。

3.灌溉水要求

稻田灌溉水水质符合GB 5084的规定，稻鸭共生田块水源充足、水质纯净、渠系配套。

4.生产过程要求

在生产基地选好后，生产过程就成为了十分关键的环节。生产过程必须严格遵循有机稻米生产要求，按照生产规程进行生产。稻鸭共生对于防治病虫害、田间杂草是十分有利的、生态安全的方式。如果辅之以物理防控措施，比如诱蛾灯、性诱剂、繁殖天敌、田埂种植有利于天敌有害于害虫的植物就能起到很好的防治病虫杂草作用。

5.品种选择要求

必须选择经过认证的、达标的，同时经过转换的种子。通过穗选，连续两年的有机栽培获得有机稻种；选择抗逆性强、抗病虫性强、熟期适中的、适口性好的优质品种；禁止使用转基因种子。

6.田间管理要求

（1）水层管理。采用"两浅""两深""一间歇"的节水灌溉法。插秧至返青结束，浅灌3～5厘米。有效分蘖期，浅水促蘖，浅灌3～5厘米。有效分蘖期末灌10～15厘米深水控蘖。拔节孕穗至抽穗扬花期，深水5～10厘米灌溉。灌浆蜡熟期，间歇灌水。

蜡熟末期撤水。

（2）追肥。追拔节肥、穗粒肥各一次，总量500～1 000千克。

（3）病虫害防治。大型害虫采用杀虫灯诱杀，小型害虫采用黄板诱杀。采用稻田养鸭既有利于防治害虫，又有利于防治纹枯病。农家肥追施过程中及时补充土壤中的硅含量（草木灰及炉渣），可有效预防稻瘟病、细菌性褐斑病及胡麻叶枯等病害。

（4）杂草防除。稻草覆盖，插秧后秧苗挺直时，在行间覆盖稻草压杂草。稻鸭共育除草，插秧返青后，每亩投放0.1～0.2千克的雏鸭12～15只，稻鸭共育50天，水稻抽穗后收回鸭子。鸭的饲养与调教，将孵化20天左右的雏鸭放入稻田，时间在晴天的9∶00—10∶00。鸭子初放的一周，需精心管理，每天早晚各喂食一次，饲料以玉米拌菜为主，食量掌握在每天每只50克左右，之后逐步减少至停喂。结合田间管理进行人工除草，特别要清除稻心稗子。

（5）收获、脱粒、加工、包装及储藏。收获前将田间倒伏、感病或受到虫害的植株淘汰掉，防止霉变、虫食稻谷混入。在水稻完熟期，90%稻粒变黄时收割，分品种实行单收单晒单脱单加工。脱粒，脱粒机进行脱粒，脱粒后在清洁的专用场地上自然晒干至含水率14%以下。加工，按照有机稻米加工操作规程进行统一加工，禁止使用添加剂。包装，用符合有机食品标准要求的包装袋包装。运输，用专用工具运输，运输工具应清洁、干燥、有防雨设施及有机食品专用标识。严禁与有毒、有害、有腐蚀性、有异味的物品混运。储藏，在避光、常温、干燥和有防潮设施的仓库妥善保管储藏，仓库应清洁、干燥、通风，无虫害和鼠害，有明显有机食品标识。严禁与有毒、有害、有腐蚀性、易发霉、发潮、有异味的物品混放，严禁使用化学物质防虫、防鼠和防变，杜绝二次污染。有机稻米上市时，在包装物上还需注明生产者的姓名、采收日期、重要的生产过程、产品优点及特点。

7.产品加工要求

（1）加工厂选址。有机大米加工所处的大气环境不低于GB 3095中规定的二级标准要求。加工厂址要远离垃圾场、医院200米以上；离经常喷洒化学农药的农田500米以上，距交通主干道50米以上，距排放"三废"的工业企业1 000米以上。有机大米加工用水应达到GB 5749的要求。

（2）工厂要求。设计、建筑有机大米加工厂应符合《中华人民共和国环境保护法》《中华人民共和国食品卫生法》《大米加工企业良好操作规范》（GB/T 26630-2011）的要求。有机大米加工厂应有与加工产品、数量相适应的原料、加工和包装车间。车间地面应平整、光洁，易于清洗；墙壁无污垢，并有防止灰尘扩散和侵入的设施。加工厂应建有足够的原料、成品仓库，且原料和成品不得混放。成品库应建设低温库。加工厂的粉尘最高允许浓度为10毫克／米³，加工车间应采光良好，灯光照度达500勒克斯以上。加工厂应有更衣室、盥洗室、工作室，应配有相应的消毒、通风、照明、防鼠、防虫、污水排放、存放处理垃圾和废弃物等设施。加工厂应有卫生行政管理部门颁发的卫生许可证。

（3）加工设备。选用先进的环保组合式的精加工设备；要有去石、去铁、去杂设备；并配备抛光机及色选机。产品在整个加工流程中不得与铅及铅锑合金、铅青铜、锰铜、铅黄铜、铸铝及铝合金材料接触。高噪声不得超过80分贝。强烈震动的加工设备应采取必要的防震措施。新购设备的和每年加工开始前要清除设备的防锈油和锈斑，加工季节结束后，应清洁、保养加工设备。有机大米加工应采用专用设备。

（4）加工人员。加工人员上岗前必须经过有机大米生产知识培训，掌握有机大米的生产、加工要求。加工人员上岗前和每年度均应进行健康检查，持健康证上岗。加工人员进入加工场所应换鞋、穿戴工作服、工作帽，并保持工作服整洁。包装、产成品车间工作人员还需戴口罩上岗。不得在加工和包装场所进食。

（5）加工方法。采用较先进的加工设备，首先要净谷，同时把稻谷含水量控制在15% ～ 16%（配备烘干和加水设备），然后再加工，把破碎率和损失率控制在最低限度，同时要考虑能耗和环保问题。最好真空包装，包装袋大小以5 ～ 10千克为宜。

（6）加工质量要求。加工精度达到国家标准二等以上时必须提取米珍，使米珍与米糠分离。整精米率要与国际接轨，碎米率控制在10%以内。精米中留胚率在80%以上。应制定符合国家或地方卫生管理法规的加工卫生管理制度。每季加工前和每天加工都应及时对厂内重点部件进行卫生整理。制定和实施质量控制措施，关键工艺应有操作规章制度和检验方法，并记录执行情况。建立原材料、加工、贮存、运输、入库、出库和销售流向的完整档案记录，原始记录应保存三年以上。每批加工产品应编制加工批号或系列号，批号或系列号一直沿用到产品终端销售，并在相应的票据上注明加工批号或系列号。

（二）绿色鸭产品开发

适于有机水稻生产的基地，由于产地环境佳，生产过程严格按照有机水稻生产技术规程，如果按照有机认证标准要求，不添加不符合有机要求的鸭饲料，稻鸭共生的鸭子品质好，可以保证鸭肉、鸭蛋是高档有机的鸭产品。如果不能达到有机生产标准，能按照绿色认证标准，可以生产出绿色鸭产品。如果按照无公害标准，可以生产出无公害鸭产品。不论哪种生产条件，必须结合实际情况，鸭产品定位要准确。然后按照相应标准进行生产，并通过认证，获得有机鸭、绿色鸭或者无公害鸭产品证书，将会显著提高鸭产品的价值（图54和图55）。

图54　鸭蛋产品

图55　鸭肉产品

1.鸭品种选择

　　稻鸭共生对鸭子要求是中小体型、抗逆性好、生命力强、繁殖力强、善活动、喜食野生植物，同时能生产出高品质的鸭肉。对在稻鸭生态种养技术中选用何种鸭，国内外一致的看法是：①在水田活动表现出色，即除草、驱虫、刺激水稻生长、供给肥料等效果好。②产肉性好，即产肉多、肉好吃。③雏鸭的生产性能高，即产卵能力、孵化率高，雏鸭健壮，抗病性强。④易于驯化、方便饲养。⑤耐寒性优异，特别是在寒冷地区。肉鸭良种和当地鸭杂交后的杂交鸭、兼用型鸭和蛋用鸭可直接应用于稻鸭共生。比如绍兴鸭、山麻鸭、金定鸭、攸县麻鸭、江南1号鸭、江南2号鸭等体型多为小型或中小型的产蛋型鸭，也有在稻田放牧野鸭的（图56和图57）。

图56　江南2号鸭

图57　绿头野鸭

2.生产措施

绿色鸭产品除符合一般食品的营养卫生标准外，还应具备无污染、安全、优质的特征，在生产加工及包装储运过程中都必须符合严格的质量和卫生标准。

（1）产地环境要求。场址的水源、土壤完全要符合《绿色食品产地环境技术条件》的要求。

（2）科学规划布局。搞好分区规划，稻鸭共生基地与外界、基地内部不同的区域要设置隔离设施，避免闲杂人员和其他动物的侵入，饲养管理人员和设备、用具、车辆的进入要严格消毒。养殖场的畜舍布局要合理，以50～100亩饲养一群鸭配备一个鸭舍为基本单元，保证鸭舍光照良好、空气新鲜和饲养密度适宜，并在每个单元合理设置清洁水池。鸭舍采用绿色水稻秸秆建造即可。

（3）抓好饲养过程。适当添加鸭饲料，但要科学选择，采用绿色饲料原料。

（4）严格管理。环境卫生安全是生产绿色畜产品的重要基础。第一，应加强养殖场及其周围环境管理，保持养殖场和畜舍清洁卫生。第二，确保饮水卫生安全，饮水中有害物质广泛存在，因此应常取水样进行微生物和水质检验。第三，保持舍内空气新鲜，气流适宜。第四，搞好疫病综合防治，减少兽药使用。第五，搞好鸭产品加工、贮藏、运输和包装工作，防止畜产品的污染变质。

（三）产品包装

1.要有品牌意识

在确保质量的前提下，要以生产地（产品源头）、公司或者法人为依据，注册独占的产品商标，一方面便于宣传，另一方面有利于获得消费者的认同。当然，必须要确保产品质量，并且要讲求诚信，让消费者信得过。还可以在超市或农贸市场建立专属销售点，并且通过视频直播、微信等方式让消费者了解产品源头生产实际情况，增强可信度，逐步打出自己的品牌，形成独有的良好口碑。

2.要有产品标识

稻鸭模式生产的产品，经过认证后，要标有相应的产品质量标识，以体现产品价值。有机产品、绿色食品、无公害食品都有相应的标识。所以，基地生产出来的稻米、鸭肉、鸭蛋等产品必须经过政府有关部门认证，获得相应的证书，在产品包装上加以标识，以获得消费者的认同。

3.包装要有特色

包装不要太简单、太随意或随大流，要体现自己基地的特色，有助于品牌的形成。包装上除了产品质量标识以外，还应该包括产品特点、产地情况、产品来源（可溯源）、微信号、公司网址、联系方式等内容。请包装设计公司加以设计，形成特色的包装盒，当然根据不同产品也可以是多种包装形式，来满足不同消费群体的需求。

图书在版编目（CIP）数据

规模化稻鸭生态种养技术/ 傅志强主编.—北京：
中国农业出版社，2020.5
（农业生态实用技术丛书）
ISBN 978-7-109-25075-8

Ⅰ.①规…　Ⅱ.①傅…　Ⅲ.①鸭－饲养管理②水稻栽
培　Ⅳ.①S834.4②S511

中国版本图书馆CIP数据核字（2018）第288459号

中国农业出版社出版
地址：北京市朝阳区麦子店街18号楼
邮编：100125
责任编辑：张德君　李　晶　司雪飞　　文字编辑：常　静
版式设计：韩小丽　　责任校对：赵　硕
印刷：北京通州皇家印刷厂
版次：2020年5月第1版
印次：2020年5月北京第1次印刷
发行：新华书店北京发行所
开本：880mm×1230mm　1/32
印张：4.25
字数：85千字
定价：34.00元